现代建筑绿色低碳研究

范渊源　董林林　户晶荣　著

吉林科学技术出版社

图书在版编目（CIP）数据

现代建筑绿色低碳研究 ／ 范渊源，董林林，户晶荣
著 . -- 长春：吉林科学技术出版社，2022.5
ISBN 978-7-5578-8869-5

Ⅰ．①现… Ⅱ．①范… ②董… ③户… Ⅲ．①生态建
筑－建筑设计－研究 Ⅳ．① TU201.5

中国版本图书馆 CIP 数据核字（2022）第 083289 号

现代建筑绿色低碳研究

著	范渊源 董林林 户晶荣
出 版 人	宛 霞
责任编辑	王明玲
封面设计	李 宝
制 版	宝莲洪图
幅面尺寸	185mm × 260mm
开 本	16
字 数	240 千字
印 张	10.875
印 数	1–1500 册
版 次	2022年5月第1版
印 次	2022年5月第1次印刷

出 版	吉林科学技术出版社
发 行	吉林科学技术出版社
地 址	长春市南关区福祉大路5788号出版大厦A座
邮 编	130118
发行部电话/传真	0431-81629529　81629530　81629531
	81629532　81629533　81629534
储运部电话	0431-86059116
编辑部电话	0431-81629510
印 刷	廊坊市印艺阁数字科技有限公司

书 号	ISBN 978-7-5578-8869-5
定 价	58.00元

前　言

随着当前经济与社会的不断发展，我们更加注重环境保护，尤其在建筑行业发展的过程中，运用低碳理念推动绿色建筑建设，满足可持续发展的要求。在绿色建筑建设过程中，要充分利用可再生资源，提高能源利用率，同时降低建设成本，提高生态效益。此外，要加强对绿色建筑的认知，形成绿色建筑低碳评价标准，进一步推动绿色建筑行业的稳定发展。绿色建筑的低碳发展是当前时代的特色。本书探讨了低碳理念在绿色建筑中的应用原则，强调了对可再生资源的合理利用，以减少内部耗能，提高建筑建设效果。同时，本书也提出了低碳理念下绿色建筑发展的对策，包括对新能源的利用，进行保温节能设计，对施工成本进行有效控制，促进节能环保材料的应用等，进一步推动绿色建筑可持续发展等内容。

建设绿色低碳建筑的主要目标是降低建筑整体环境负荷，实现建筑与当地环境的融合，这一举措不仅有利于人们的身心健康，还可以有效减少建筑资源消耗，减少对环境造成的污染，保护建筑生态环境。基于低碳要求的建设是人与自然的融合，人与自然的和谐发展。绿色发展是指知识与实践的统一，生产生活方式的统一。绿色发展已成为时代要求，建设绿色建筑是推进生态文明建设、促进生态文明建设的重要举措。将绿色发展理念融入到建筑设计中，在建筑空间建设和绿化研究中找到精准平衡。建设绿色建筑，不仅能有效地保护建筑及其周边生态环境，还能减少人们日常活动中可能产生的环境破坏和污染，减少建筑资源消耗，做到建筑生态的可持续发展和绿色发展，能够更好地使建筑生态践行"绿水青山就是金山银山"的理念，更好地落实绿色建筑政策实施，为人们的活动创造更好的环境。

目前，人们的环保意识不断提高，低碳节能理念得到广泛推广和应用，它直接关系自然环境和人类健康，建筑设计应逐步向低碳、节能方向发展。实践表明，设计模式应基于相应的规划体系和可持续发展原则，科学合理地设计和规划建筑，大力采用环保节能设计材料，确保符合低碳节能设计标准，为人们创造舒适、健康、环保的环境，广泛利用太阳能、风能、水电等再生自然能源，既能降低能源消耗，促进社会经济发展，又能保证建筑的舒适性和环保性，提高用户对建筑功能的体验。国家大力倡导创建环保节能型社会，建设绿色低碳建筑可以为环境保护做出巨大贡献，我们要致力于建设绿色低碳建筑，设计绿色建筑，实现节约能源资源、保护绿色环境、改善气候的目标。

目 录

第一章 绿色建筑的设计 ·· 1

　第一节 绿色建筑的设计理念 ································· 1

　第二节 我国绿色建筑设计的特点 ···························· 4

　第三节 绿色建筑方案设计思路 ····························· 7

　第四节 绿色建筑的设计及其实现 ··························· 10

　第五节 绿色建筑设计的美学思考 ··························· 14

　第六节 绿色建筑设计的原则与目标 ························· 17

　第七节 基于 BIM 技术的绿色建筑设计 ······················ 21

第二章 绿色建筑施工研究 ······························· 25

　第一节 绿色建筑施工质量监督要点 ························· 25

　第二节 绿色建筑施工技术探讨 ···························· 28

　第三节 绿色建筑施工的四项工艺创新 ······················ 31

　第四节 绿色建筑施工的内涵与管理 ························· 34

　第五节 绿色建筑的施工与运营管理 ························· 36

　第六节 绿色建筑施工的原则、方法与措施 ··················· 39

第三章 绿色建筑的结构设计 ····························· 43

　第一节 绿色建材下的绿色建筑结构设计 ····················· 43

　第二节 绿色建筑结构选型和结构体系 ······················ 45

　第三节 绿色智能建筑集成系统的体系结构 ··················· 48

　第四节 生态环保与绿色建筑结构设计 ······················ 50

　第五节 绿色建筑节能设计中的围护结构保温技术 ·············· 53

　第六节 绿色建筑的高层剪力墙结构优化设计 ················· 56

　第七节 绿色装配式钢结构建筑体系及应用方向 ··············· 59

第四章 绿色建筑设计的实践应用研究 ···················· 63

　第一节 绿色建筑材料的应用 ····························· 63

第二节　绿色建筑给排水技术的应用 ··· 67

第三节　高层民用建筑设计中绿色建筑设计的应用 ·························· 70

第四节　基于地域性节能构造技术的绿色建筑应用 ························· 75

第五节　绿色建筑装饰理念在建筑装饰中的应用 ·························· 85

第六节　绿色建筑施工管理及在建筑施工管理中的应用 ················· 88

第五章　生态建筑概述 ··· 91

第一节　生态建筑表皮设计 ··· 91

第二节　城乡规划设计中的生态建筑 ··· 95

第三节　传统民居中的生态建筑思想 ··· 98

第四节　生态建筑空调暖通技术 ··· 101

第五节　生态建筑技术的适应性 ··· 103

第六节　人性化的生态建筑设计 ··· 107

第七节　旧建筑改造设计中的生态建筑理念 ····································· 110

第六章　生态建筑仿生设计 ··· 114

第一节　生态建筑仿生设计的产生与分类 ··· 114

第二节　生态建筑仿生设计的原则和方法 ··· 115

第三节　生态造型仿生设计 ··· 117

第四节　基于仿生建筑中的互承结构形式 ··· 122

第五节　生态结构仿生设计 ··· 124

第六节　生态能源利用和材料仿生设计 ·· 134

第七章　建筑绿色低碳研究 ··· 142

第一节　绿色建筑与低碳生活 ··· 142

第二节　低碳理念下绿色建筑发展 ·· 145

第三节　绿色建筑低碳节水技术措施 ··· 148

第四节　低碳概念下的绿色建筑设计 ··· 153

第五节　绿色建筑设计与低碳社区 ·· 156

第六节　从绿色建筑到低碳生态城 ·· 160

第七节　公共机构建筑的绿色低碳装饰核心思路 ····························· 163

参考文献 ·· 166

第一章　绿色建筑的设计

第一节　绿色建筑的设计理念

随着时代和科学技术的迅猛发展，全球践行低碳环保理念，其目的是共同维护生态环境。我国自中共十八届五中全会就已将绿色发展的理念提升到政治高度，为我国建筑设计市场指引着发展的方向。建筑行业作为国民经济的重要支柱产业，将绿色理念融入建筑设计中能够从根本上影响人们的生活方式，进而达到人与自然环境的和谐相处。综上可知，在建筑设计中运用绿色建筑设计理念具有非常重要的意义。本节主要对建筑设计中绿色建筑设计理念的运用进行分析，阐述绿色建筑在实际设计中的具体应用。

绿色建筑设计是针对当今的环境形势，所倡导的一种新型设计理念，提倡可持续发展和节能环保，以达到保护环境和节约资源的目的，是当今建筑行业发展的重要趋势。在建筑设计中建筑师须结合人们对环境质量的需求，考虑建筑的全生命周期设计，从而实现人文、建筑以及科学技术的和谐统一发展。

一、绿色建筑设计理念

绿色建筑设计理念的兴起源于人们环保意识的不断增强，在绿色建筑设计理念的运用中主要体现在以下三个方面：

建筑材料的选择。相较于传统建筑设计理念，绿色建筑设计首先从材料的选择上，采用节能环保材料，这些建筑材料在生产、运输及使用工程中都是对生态环境友好的材料。

节能技术的使用。在建筑设计中节能技术主要运用在通风、采光及采暖等方面：在通风系统中引入智能风量控制系统以减少送风的总能源消耗；在采光系统中运用光感控制技术，自动调节室内亮度，减少照明能耗；在采暖系统中引入智能化控制系统，使建筑内部的温度智能调节。

施工技术的应用。绿色设计理念的运用提高了工厂预制率，减少了湿作业，提高了工作效率及项目的完成度。

二、绿色建筑设计理念的实际运用

平面布局的合理性。在建筑方案设计过程中，首先考虑建筑的平面布局的合理性，这对使用者体验造成了直接影响，在住宅平面布局中比较重要的是采光，故而在建筑设计中合理规划布局考虑采光，以此增强建筑对自然光的利用率，减少室内照明灯具的应用，降低电力能源损失消耗。同时通过阳光照射可以起到杀菌和防潮的功效。在进行平面布局时应该遵循以下两项原则：第一，设计当中严格把握控制建筑的体形系数，分析建筑散热面积与体形系数间的关系，在符合相关标准要求的基础上尽量增大建筑采光面积。第二，在进行建筑朝向设计时，考虑朝向的主导作用，使得建筑在室内接受更多的自然光照射，并避免太阳光直线照射。

门窗节能设计。在建筑工程中门窗是节能的重点，是采光和通风的重要介质，在具体的设计中需要与实际情况相结合对门窗进行科学合理的设计，同时还要做好保温性能设计，合理选用门窗材料，严格控制门窗面积，以减少热能损失。另外，在进行门窗设计时需要结合所处地区的四季变化情况与暖通空调相互融合，减少能源消耗。

墙体节能设计。在建筑行业迅猛发展的背景下，各种新型墙体材料类型层出不穷，在进行墙体选择时需要在满足建筑节能设计指标要求的原则下对墙体材料进行合理选用。例如，针对加气混凝土材料等多孔材料具有更好的热惰性能，因而可以用来增强墙体隔热效果，减少建筑热能不断向外扩散，达到节约能源、降低能耗的目的。其次在进行墙体设计时，可以铺设隔热板来增强墙体隔热保温性能，实现节能减排的目的。目前隔热板的种类和规格比较多，通过合理的设计，隔热板的使用可以强化外墙结构的美观度，提高建筑的整体观赏价值，满足人们的生活和城市建设需求。

单体外立面设计。单体外立面是建筑设计中的重点，同时也是绿色建筑设计的重要环节，在开展该项工作时要与所处区域的天气气候特征相结合，选用适合的立面形式和施工材料。由于我国南北气候差异较大，在进行建筑单体外立面设计中要对南北方区域的天气气候特征、热工设计分区、节能设计要求进行具体分析、科学合理的规划。大体而言，对于北方建筑单体立面设计，要严格控制建筑物体形系数、窗墙比等规定性指标，同时因为北方地区冬季温度很低，这就需要考虑保证室内保温效果，在进行外墙和外窗设计时务必加强保温隔热处理，减少热力能源损失，保障建筑室内空间的舒适度。对于南方建筑单体立面设计，因为夏季温度很高，故而需要科学合理的规划通风结构，应用自然风大大降低室内空调系统的使用效率，降低能耗。此外，在进行单体外墙面设计时要尽量通过选用装修材料的颜色等，以此来提升建筑美观度，削弱外墙的热传导作用，达到节约减排的目的。

要注重选择各种环保的建筑材料。在我国，绿色建筑设计理念与可持续发展战略相一致，所以在建筑设计的时候要充分利用各种各样的环保建筑材料，以此实现材料的循环利用，进而降低能源能耗，达到节约资源的目的。在全国范围内响应绿色建筑设计及可持续发展号召下，建材市场上新型环保材料如雨后春笋般迅猛发展，这给建筑师提供了更多的可选的节能环保材料。作为一名建筑设计师，要时刻把遵循绿色设计原则、达到绿色环保的目标、实现绿色可持续发展为己任，持续为我国输出可持续发展的绿色建筑。

充分利用太阳能。太阳能是一种无污染的绿色能源，是地球上取之不尽用之不竭的能源来源，所以在进行建筑设计时首要考虑的便是有效利用太阳能替代其他传统能源，这可以大大降低其他有限资源的消耗。鼓励设计利用太阳能，是我国政府及规划部门对节约能源的一大倡导。太阳能技术是将太阳能量转换能热水、电力等形式供生产生活使用。建筑物可利用太阳的光和热能，在屋顶设置光伏板组件，产生直流电，抑或是利用太阳热能加热产生热水。除此之外，设计人员应该与被动采暖设计原理相结合，充分利用寒冷冬季太阳辐射和直射能量，并且通过遮阳建筑设计方式减少夏季太阳光的直线照射，从而减少建筑室内空间的各种能源消耗。例如，设置较大的南向窗户或使用能吸收及缓慢释放太阳热力的建筑材料。

构建水资源循环利用系统。水资源作为人类生存和发展的重要能源，要想实现可持续发展，有效践行绿色建筑理念，必须实现水资源的节约与循环利用。其中对于水资源的循环利用，在建筑设计中，设计人员需要在确保生活用水质量的基础上，构建一系列的水资源循环利用系统，做好生活污水的处理工作，即借助相关系统把生活生产污水进行处理以后，使其满足相关标准，继而可使用到冲厕、绿化灌溉等方面，从而在极大程度上提高水资源的二次利用率。此外，在规划利用生态景观中的水资源时，设计人员应严格依据整体性原则、循环利用原则、可持续原则，将防止水资源污染和节约水资源当作目标，并从城市设计角度做好海绵城市规划设计，做好雨水收集工作，借助相应系统来处理收集到的雨水，然后用作生态景观用水，形成一个良好的生态循环系统。加之，在建筑装修设计中，应选用节水型的供水设备，不选用消耗大的设施，一定情况下可大量运用直饮水系统，从而确保优质水的供应，达到节约水资源的目的。

综上所述，在我国绿色建筑理念的倡导下，绿色建筑设计理念已成为建筑设计的基础。市场上从建筑材料到建筑设备都在不断地体现着绿色可持续的设计理念、支持着绿色建筑的发展，这一系列的举措都在促使我国建筑行业朝着绿色、可持续的方向不断前进。

第二节　我国绿色建筑设计的特点

　　我国属于人均资源短缺的国家，中国建材网统计数据表明，当前 80% 的新房建设都是高耗能建筑。所以，当前，我国建筑能耗已经成了国民经济的沉重负担。如何让资源变得可持续利用是当前亟待解决的一个问题。伴随着社会的发展，人类所面临的形势越来越严峻，人口基数越来越大，资源严重被消耗，生态环境越来越恶劣。面对如此严峻的形势，实现城市建筑的绿色节能化转变越来越重要。建筑行业随着经济社会的进步和发展也在不断加快进程。环境污染的问题越来越严重，国家出台了相关的政策措施。在这样的发展状况下，建筑领域对实现可持续发展，维持生态平衡更加关注，要保证经济建设符合绿色的基本要求。因此，对绿色建筑理念应该合理运用。

一、绿色建筑概念的界定

　　绿色建筑的定义。绿色建筑指的是"在建筑的全寿命周期内，最大限度地节约资源、保护环境和减少污染，为人们提供健康、适宜和高效的使用空间，与自然和谐共生的建筑"。当前，中国已经成为世界第一大能源消耗国，因此，发展绿色建筑对于中国来说有着非常重要的意义。当前，国内节能建筑能耗水平基本上与 1995 年的德国水平相差无几，我国在低能耗建筑标准规范上尚未完善，国内绿色建筑设计水平还处于比较低的水平。另外，不管是施工工艺水平，还是产后材料性能，与发达国家相比都存在较大差距。同时，低能耗建筑与绿色建筑的需求没有明确的规定标准，部件质量难以保证。

　　伴随着绿色建筑的社会关注度不断提升，可以预见，在不久的将来绿色建筑必将成为常态建筑，按照住房和城乡建设部给出的绿色建筑定义，可以理解绿色建筑为一定要表现在建筑全寿命周期内的所有时段，包括建筑规划设计、材料生产加工、材料运输和保存、建筑施工安装、建筑运营、建筑荒废处理与利用，每一环节都需要满足资源节约的原则，同时绿色建筑必须是环境友好型建筑，不仅要考虑到居住者的健康问题和实用需求，还必须和自然和谐相处。

　　绿色建筑设计原则。建筑的最终目的是以人为本，希望能够通过工程建设来提供给人们起居和办公的生活空间，让人们的各项需求都能够被有效满足。和普通建筑相比，其最终目的并没有改变，只是立足在原有功能的基础上，提出要注重资源的使用效率，要在建筑建设和使用过程中做到物尽其用，维护生态平衡，因地制宜地搞好房屋建设。

健康舒适原则。绿色建筑的首要原则就是健康舒适，要充分体现出建筑设计的人性化，从本质上表现出对使用者的关心，通过使用者需求作为引导来进行房屋建筑设计，让人们可以拥有健康舒适的生活环境与工作环境。其具体表现在建材无公害、通风调节优良、采光充足等方面。

简单高效原则。绿色建筑必须要充分考虑经济效益，保证能源和资金的最低消耗率。绿色建筑在设计过程中，要秉持简单节约原则，比如说在进行门窗位置设计的过程中，必须要尽可能地满足各类室内布置的要求，最大限度地避免室内布置出现过大改动。同时在选取能源的过程中，还应该充分利用当地的气候条件和自然资源，资源选取上尽量选择可再生资源。

整体优化原则。建筑为区域环境的重要组成部分，其置身于区域之中，必须要同周围环境和谐统一，绿色建筑设计的最终目标为实现环境效益达到最佳。建筑设计的重点在于对建筑和周围生态平衡的规划，让建筑可以遵循社会与自然环境统一性的原则，优化配置各项因素，从而实现整体优化的效果。

二、绿色建筑的设计特点和发展趋势探析

（一）绿色建筑设计特点分析

节地设计。作为开放体系，建筑必须要因地制宜，充分利用当地自然采光，从而降低能源消耗与环境污染程度。绿色建筑在设计过程中一定要充分收集、分析当地居民资源，并根据当地居民的生活习惯来设计建筑项目和周围环境的良好空间布局，让人们拥有一个舒适、健康和安全的生活环境。

节能节材设计。倡导绿色建筑，在建材行业中加以落实，同时积极推进建筑生产和建材产品的绿色化进程。设计师在进行施工设计的过程中，应最大限度地保证建筑造型要素简约，避免装饰性构件过多；建筑室内所使用的隔断要保证灵活性，可以降低重新装修过程中材料浪费和垃圾出现；并且尽量采取能耗低和影响环境程度较小的建筑结构体系；应用建筑结构材料的时候要尽量选取高性能的绿色建筑材料。当前，我国通过工业残渣制作出来的高性能水泥与通过废橡胶制作出来的橡胶混凝土均为新型绿色建筑材料，设计师在设计的过程中应尽量选取，应用这些新型材料。

水资源节约设计。绿色建筑进行水资源节约设计的时候，应做到以下几点：首先，大力提倡节水型器具的采用；其次，在适宜范围内利用技术经济的对比，科学地收集利用雨水和污水，进行循环利用。另外，还要注意在绿色建筑中应用中水和下水处理系统，用经过处理的中水和下水来冲洗道路汽车，或者作为景观绿化用水。根据我国当前绿色

建筑评价标准，商场建筑和办公楼建筑非传统水资源利用率应该超过 20%，而旅馆类建筑应该超过 15%。

（二）绿色建筑设计趋势探析

绿色建筑在发展过程中不应局限于个体建筑之上，相关设计师应从大局出发，立足城市整体规划基础上进行统筹安排。绿色建筑实属系统性工程，其中会涉及很多领域，如污水处理问题，这不只是建筑专业范围需要考虑的问题，还必须依靠于相关部门的配合来实现污水处理问题的解决。针对设计目标来说，绿色建筑在符合功能需求和空间需求的基础上，还需要强调资源利用率的提升和污染程度的降低。设计师在设计过程中还需要秉持绿色建筑的基本原则：尊重自然，强调建筑与自然的和谐。另外，还要注重对当地生态环境的保护，增强对自然环境的保护意识，让人们的行为和自然环境发展能够相互统一。

三、我国绿色建筑设计的必要性

中国建材网数据表明，国内每年城乡新建房屋面积高达 20 亿平方米，其中超出 80% 都是高耗能建筑。现有建筑面积高达 635 亿平方米，其中超出 95% 都是高能耗建筑，而能源利用率仅仅达到 33%，相比于发达国家来说，我国要落后二十余年。建筑总能耗分为两种，一种是建材生产，另一种是建筑能耗，而我国 30% 的能耗总能量为建筑总能耗，其中建材生产能耗量高达 12.48%。而在建筑能耗中，围护结构材料并不具备良好的保温性能，保温技术相对滞后，传热耗能达到了 75% 左右。所以，大力发展绿色建筑已经成为一种必然的发展趋势。

绿色建筑设计可以不断提升资源的利用率。从建筑行业长久的发展来看，我们可知，在建设建筑项目过程中会对资源有着大量的消耗。我国土地虽然广阔，但是因为人口过多，很多社会资源都较为稀缺。面对这样的情况，建筑行业想要在这样的环境下实现稳定可持续发展，就要把绿色建筑设计理念的实际应用作为工作的重点，并结合人们的住房需求，采取最合理的办法，将建筑建设的环境水平提升，同时要缓解在社会发展中呈现出的资源稀缺的问题。

例如，可以结合区域气候特点来设计低能耗建筑，利用就地取材的方式来使建筑运输成本大大降低，利用采取多样化节能墙体材料来让建筑室内具备保温节能功能，应用太阳能、水能等可再生能源以降低生活热源成本，对建筑材料进行循环使用来实现建筑成本和环境成本的切实降低。

绿色建筑在很大程度上延伸了建筑材料的可选范围。绿色建筑发展让很多新型建筑材料和制成品有了可用之地，并且进一步推动了工艺技术相对落后的产品的淘汰。

例如，建筑业对多样化新型墙体保温材料的要求不断提高，GRC板等新型建筑材料层出不穷，基于这样的时代背景，一些高耗能高成本的建筑材料渐渐被淘汰出局。

在信息技术快速发展的背景下，在社会各个领域中都有科学技术手段的应用。同样在建筑行业中，出现了很多绿色建筑的设计理念和相关技术，将资源浪费的情况从根本上降低，全面提升建筑工程的质量水平。除此之外，随着科学技术的发展，与过去的建筑设计相比，当前设计建筑的工作，在经济、质量以及环保方面都有着很大的突破，给建筑工程质量的提升打下了良好的基础。

伴随着人类生产生活对能源的不断消耗，我国能源短缺问题已经变得越来越严重；同时，社会经济的不断发展，让人们已经不仅仅满足于最基本的生活需求，从党的十九大报告中"我国社会主要矛盾的转变"，可以看出人们的生活追求正在变得逐步提升，都希望能够有一个健康舒适的生活环境。种种因素的推动下，大力发展绿色建筑已经成为我国建筑行业发展的必然趋势，相较于西方发达国家来说，我国建筑能耗严重，绿色建筑技术水平远远落后。

第三节　绿色建筑方案设计思路

在社会发展的影响下，我国建筑越来越重视绿色设计，其已经成为建筑设计中非常重要的一环，建筑设计会慢慢地向绿色建筑设计靠拢，绿色建筑为人们提供高效、健康的生活，通过将节能、环保、低碳意识融入到建筑中，实现自然与社会的和谐共生。现在我国建筑行业对绿色建筑设计的重视程度非常高，绿色建筑设计理念既是一个全新的发展机遇，同时又面临着严重的挑战。在此基础上本节分析了绿色建筑设计思路在设计中的应用，分析和探讨了绿色建筑设计理念与设计原则，并提出了绿色建筑设计的具体应用方案。

近年来我国经济发展迅速，但是这样的发展程度，大多以环境的牺牲为代价。目前，环保问题成为整个社会所关注的热点，如何在生活水平提高的同时对各类资源进行保护和如何对整个污染进行控制成为重点问题。尤其对于建筑业来说，所需要的资源消耗较大，也就意味着会在整个建筑施工过程中造成大量的资源浪费。而毋庸置疑的是，建筑业所需要的各种材料，往往也是通过极大的能源来进行制造的，而制造的过程也会造成很多的污染，如钢铁制造业对人气的污染，粉刷墙用的油漆制造对水源的污染。为了减少各种污染所造成的损害，于是提出了绿色建筑这一体系。也就是说，在整个建筑物建设的过程中进行以环保为中心，减少污染控制的建造方法。绿色建筑体系，对整个生态的发展和环境的可持续发展具有重要意义。除此之外，所谓的绿色建筑并不仅仅是建筑，其本身是绿色健康环保的，它要求建筑环境处于一个绿色环保的环境，可以给居住在其中的居民一个更为舒适的绿色生态环境。

一、绿色建筑设计的思路和现状

根据不完全数据显示，建筑施工过程中产生的污染物质种类涵盖了固体、液体和气体三种，资源消耗上也包括化工材料、水资源等物质，垃圾总量可以达到年均总量的 40% 左右，由此可以发现绿色建筑设计的重要性。简单来说，绿色建筑设计思路包括节能能源、节约资源、回归自然等设计理念，就是以人的需求为核心，通过对建筑工程的合理设计，最大限度地降低污染和能源的消耗，实现环境和建筑的协调统一。设计的环节需要根据不同的气候区域环境有针对性的进行，并从建筑室内外环境、健康舒适性、安全可靠性、自然和谐性以及用水规划与供排水系统等因素出发合理设计。

在我国建筑设计中的应用受诸多因素的影响，还存在不少问题，发展现状不容乐观。第一，尽管近些年建筑行业在国家建设生态环保性社会的要求下，进一步地扩大了绿色建筑的建筑范围，但绿色建筑设计与发达国家相比仍处于起步阶段，相关的建筑规范和要求仍然存在缺失、不合理的问题，监管层面更是严重缺乏有效管理，限制了绿色设计的实施效果。第二，相较于传统建筑施工，绿色建筑设计对操作工艺和经济成本的要求也很高，部分建设单位因成本等因素对绿色设计思路的应用兴趣不高。第三，绿色建筑设计需要相关的设计人员具备高素质的建筑设计能力，并能够在此基础上将生态环保理念融合在设计中，但实际的设计情况明显与期待值不符，导致绿色建筑设计理念流于形式，未得到落实。

二、建筑设计中应用绿色设计思路的措施

绿色建筑材料设计。绿色建筑设计中，材料选择和设计是首要的环节，在这一阶段，主要是从绿色选择和循环利用设计两个方面出发。

绿色建筑材料的选择。建筑工程中，前期的设计方案除了要根据施工现场绘制图纸外，也会结合建筑类型事先罗列出工程建设中所需的建筑材料，以供采购部门参考。但传统的建筑施工"重施工，轻设计"的观念导致材料选购清单的设计存在较大的问题，材料、设备过多或紧缺的现象时有发生。所以，绿色建筑设计思路要考虑到材料选购的环节，以环保节能为清单设计核心。综合考虑经济成本和生态效益，将建筑资金合理地

分配到不同种类材料的选购上，可以把国家标准绿色建材参数和市面上的材料数据填写到统一的购物清单中，提高材料选择的环保性。而且，为了避免出现材料份额不当的问题，设计人员也要根据工程需求情况，设定一个合理的数值范围，避免造成闲置和浪费。

循环材料设计。绿色建筑施工需要使用的材料种类和数量都较多，一旦管理的力度和范围有缺失就会造成资源浪费，必须做好材料的循环使用设计方案。对于大部分的建筑施工而言，多数的材料都只使用了一次便无法再次利用，而且使用的塑料材质不容易降解，对环境造成了相当严重的污染。对此，在绿色建筑施工管理的要求下，可以先将废弃材料进行分类，一般情况下建材垃圾的种类有碎砌砖、砂浆、混凝土、桩头、包装材料以及屋面材料，设计方案中可以给出不同材料的循环方法，碎砌砖的再利用设计就可以是做脚线、阳台、花台、花园的补充铺垫或者重新进行制造，变成再生砖和砌块。

顶部设计。高层建筑的顶部设计在整体设计过程当中占据着非常重要的地位，独特的顶部设计能够增强整体设计的新鲜感，增强自身的独特性，更好地与其他建筑设计进行区分。比如说可以将建筑设计的顶部设计成蓝色天空的样子，等到晚上可以变成一个明亮的灯塔，给人眼前一亮的感觉。但是，并不可以单纯了为了博得大家的关注而使用过多的建筑材料，避免造成资源浪费，顶部设计的独特性应该建立在节约能源资源的基础上，以绿色化设计为基础。

外墙保温系统设计。外墙自保温设计需要注意的是抹灰砂浆的配置要保证节能，尤其是抗裂性质的泥浆对于保证外保温系统的环保十分关键。为了保证砂浆维持在一个稳定的水平线以内，要在砂浆设计的过程中严格按照绿色节能标准，合理制定适当比例的乳胶粉和纤维元素比例，以保证砂浆对保温系统的作用。

笔者认为，绿色建筑不光指民用建筑、可持续发展建筑、生态建筑、回归大自然建筑、节能环保建筑等，工业建筑方面也要考虑其绿色、环保的设计，减少环境影响。

刚刚设计完成的定州雁翎羽羽制品工业园区，正是考虑到了绿色环保这一方面，采用了工业污水处理＋零排放技术。其规模及影响力在全国羽绒制品行业首屈一指。

其地理位置正是位于雄安新区腹地，区位优势明显、交通便捷通畅、生态环境优良、资源环境承载能力较强，现有开发程度较低，发展空间充裕，具备高起点高标准开发建设的基本条件。为迎合国家千年大计之发展，该企业是羽绒行业单家企业最大的污水处理厂，工艺流程完善，污水多级回收重复利用，节能率最高，工艺设备最先进；总体池体结构复杂，污水处理厂区 130m×150m，整体结构控制难度大，嵌套式水池分布，土结构地下深度深，且多层结构，地利用率最充分，设计难度大。

整个厂区水循环系统为多点回用，污水处理有预处理＋生化＋深度生化处理＋过滤；后续配备超滤反渗透＋蒸发脱盐系统，是国内第一家真正实现生产污水零排放的羽绒企业。

简而言之，在建筑设计中应用绿色设计思路是非常有必要的，绿色建筑设计思路在当前建筑行业被广泛应用，也取得了较好的应用效果，进一步的研究是十分必要的，相信在以后的发展过程中，建筑设计中会加入更多地绿色设计思路，建筑绿色型建筑，为人们创建舒适的生活居住环境。

第四节　绿色建筑的设计及其实现

本节首先分析了绿色环境保护节能建筑设计的重要意义，随后介绍了绿色建筑初步策划、绿色建筑整体设计、绿色材料与资源的选择、绿色建筑建设施工等内容，希望能给相关人士提供参考。

随着环境的恶化，绿色节能设计理念相继诞生，这也是近几年城市居民生活的直接诉求。在经济不断发展的背景下，人们对生活质量的重视程度逐渐提升，使得环保节能设计逐渐成为建筑领域未来发展的主流方向。

一、绿色环境保护节能建筑设计的重要意义

绿色建筑拥有建筑物的各种功能，同时还可以按照环保节能原则实施高端设计，从而进一步满足人们对建筑的各项需求。在现代化发展过程中，人们对节能环保这一理念的接受程度不断提升，建筑行业领域想要实现可持续发展的目标，需要积极融入环保节能设计的相关理念。而建筑应用期限以及建设质量在一定程度上会被环保节能设计综合实力所影响，为了进一步提高绿色建筑建设质量，需要加强相关技术人员的环保设计实力，将环保节能融入建筑设计的各个环节中，从而提高建筑整体质量。

二、绿色建筑初步策划

节能建筑设计在进行整体规划的过程中，需要先考虑环保方面的要求，通过有效的宏观调控手段，控制建筑的环保性、经济性和商业性，从而促进三者之间维持一种良好的平衡状态。在保证建筑工程基础商业价值的同时，提高建筑的整体环保性能。通常情况下，建筑物主要是一种坐北朝南的结构，这种结构不但能够保证房屋内部拥有充足的光照，同时还能提高建筑整体的商业价值。在实施节能设计的过程中，建筑通风是其中

的重点环节，合理的通风设计可以进一步提高房屋通风质量，促进室内空气的正常流通，从而维持清新空气，提高空气和光照等资源的使用效率。在建筑工程中，室内建筑构造为整个工程的核心内容，通过对建筑室内环境进行合理布局，可以促进室内空间的充分利用，促进个体空间与公共空间的有机结合，在最大限度上提升建筑节能环保效果。

三、绿色节能建筑整体设计

空间和外观。通过空间和外观的合理设计能够实现生态设计的目标。建筑表面积和覆盖体积之间的比例为建筑体型系数，该系数能够反映出建筑空间和外观的设计效果。如果外部环境相对稳定，则体型系数能够决定建筑能源消耗，如建筑体型系数扩大，则建筑单位面积散热效果加强，使总体能源消耗增加，为此需要合理控制建筑体型系数。

门窗设计。建筑物外层便是门窗结构，会和外部环境空气进行直接接触，从而空气便会顺着门窗的空隙传入室内，影响室温状态，空隙越大，门窗越无法发挥良好的保温隔热效果。在这种情况下，需要进一步优化门窗设计。窗户在整个墙面中的比例应该维持一种适中状态，从而有效地控制采暖消耗。对门窗开关形式进行合理设计，如推拉式门窗能够防止室内空气对流。在门窗的上层添加嵌入式的遮阳棚，从而对阳光照射量进行合理调节，促进室内温度维持一种相对平衡的状态，维持在一种最佳的人体舒适温度。

墙体设计。建筑墙体的功能之一便是促进建筑物维持良好的温度状态。进行环保节能设计的过程中，需要充分结合建筑墙体的作用特征，提升建筑物外墙的保温效果，扩大外墙混凝土厚度，通过新型的节能材料提升整体保温效果。最新研发出来的保温材料有耐火纤维、膨胀砂浆和泡沫塑料板等。相关新兴材料能够进一步减缓户外空气朝室内的传播渗透速度，从而降低户外温度对室内温度的不良影响，达到一种良好的保温效果。除此之外，新兴材料还可以有效预防热桥和冷桥磨损建筑物墙体，增加墙体的使用期限。

四、绿色材料与资源的选择

合理选择建筑材料。合理选择材料是对建筑进行环保节能设计中的重要环节，建筑工程结构十分复杂，因此对材料的消耗也相对较大，尤其是在各种给水材料和装饰材料中。高质量装饰材料能够凸显建筑环保节能功能，比如通过淡色系的材料进行装饰，不仅可以进一步提高整个室内空间的开阔度和透光效果，同时还能够对室内的光照环境进行合理调节，随后结合室内采光状态调整光照，降低电力消耗。建筑工程施工中给排水施工是重要环节，为此需要加强环保设计，尽量选择结实耐用、节能环保、危险系数较低的管材，从而进一步增加排水管道的应用期限，降低管道的维修次数，为人们提供更加方便的生活，提升整个排水系统的稳定性与安全性。

利用清洁能源。对清洁能源的应用技术是最新发展出来的一种广泛应用于建筑领域中的技术，受到人们的广泛欢迎，同时也是环保节能设计中的核心技术。其中难度较高的技术为风能技术、地热技术和太阳能技术。而相关技术开发出来的也是可再生能源，永远不会枯竭。将相关尖端技术有效地融入建筑领域中，可以为环保节能设计奠定基础保障。在现代建筑中太阳能的应用逐渐扩大，人们能够通过太阳能直接进行发电与取暖，也是现代环保节能设计中的重要能源渠道。社会的发展离不开能源，而随着发展速度的不断加快，对于能源的消耗也在逐渐增加，清洁能源的有效利用可以进一步减轻能源压力，同时清洁能源还不会造成二次污染，能满足人们的绿色生活要求。当下建筑领域中的清洁能源以自然光源为主，能够有效减轻视觉压力，为此在设计过程中需要提升自然光利用率，结合光线衍射、反射与折射原理，合理利用光源。因为太阳能供电需要投入大量的资金资源进行基础设备建设，在一定程度上阻碍了太阳能技术的推广。风能的应用则十分灵活，包括机械能、热能和电能等，都可以由风能转化并进行储存。从这种角度来看，风能比太阳能拥有更为广阔的开发前景。绿色节能技术的发展也能够在建筑领域中发挥出更大的作用。

五、绿色建筑建设施工技术

地源热泵技术。地源热泵技术常用与解决建筑物中的供热和制冷难题，能够发挥出良好的能源节约效果。和空气热泵技术相比，地源热泵技术在实践操作过程中，不会对生态环境造成太大的影响，只会对周围部分土壤的温度造成一定影响，对水质和水位没有太大影响，因此可以说地源热泵系统拥有良好的环保效果。地理管线应用性能容易被外界温度所影响，在热量吸收与排放两者之间相互抵消的条件下，地源热泵能够达到一种最佳的应用状态。我国南北方存在巨大温差，为此在维护地理管线的过程中也需要使用不同的处理措施。北方可以通过增设辅助供热系统的方式，分散地源热泵的运行压力，提高系统运行的稳定性；而南方则可以通过冷却塔的方法分散地源热泵的工作负担，延长地源热泵的应用期限。

蓄冷系统。通过优化设计蓄冷系统，可以对送风温度进行全面控制，减少系统中的运行能耗。因为夜晚的温度通常都比较低，能够方便在降低系统能耗的基础上，有效储存冷气，在电量消耗相对较大的情况下有效储存冷气，随后在电力消耗较大的情况下，促进系统将冷气自动排送出去，结束供冷工作，减少电费消耗。条件相同的情况下，储存冰的冷器量远远大于水的冷气量，同时冰所占的储冷容积也相对较小，为此热量损失较低，能够有效控地制能量消耗。

自然通风。自然通风可以促进室内空气的快速流动，从而使室内外的空气实现顺畅交换，维持室内新鲜的空气状态，使其满足舒适度要求，同时不会额外消耗各种能源，降低污染物产量，在零能耗的条件下，促进室内的空气状态达到一种良好的状态。在该种理念的启发下，绿色空调暖通的设计理念相继诞生。自然通风主要可以分为热压通风和风压通风两种形式，而占据核心地位和主导优势的是风压通风。建筑物附近的风压条件也会对整体通风效果产生一定影响。在这种情况下，需要合理选择建筑物的具体位置，充分结合建筑物的整体朝向和分布格局进行科学分析，提高建筑物整体的通风效果。在设计过程中，还需充分结合建筑物的剖面和平面状态进行综合考虑，尽量降低空气阻力对于建筑物的影响，扩大门窗面积，使其维持在同一水平面，实现减小空气阻力的效果。天气因素是影响户外风速的主要原因，为此在对建筑窗户进行环保节能设计时，可以通过添加百叶窗对风速进行合理调控，从而进一步减轻户外风速对室内通风的影响。热压通风和空气密度之间的联系比较密切。室内外温度差异容易影响整体空气密度，空气能够从高密度区域流向低密度区域，促进室内外空气的顺畅流通，通过流入室外干净的空气，从而把室内浑浊的空气排送出去，提升室内的整体空气质量。

空调暖通。建筑物保温功能主要是通过空调暖通实现的。为了实现节能目标，可以对空调的运行功率进行合理调控，从而有效减少室内的热量消耗，提高空调暖通的环保节能效果。除此之外，还可以通过对空调风量进行合理调控的方法降低空调运行压力，减少空调能耗，实现节能目标。把变频技术融入空调暖通系统中，能够进一步减少空调能耗，和传统技术下的能耗相比降低了四成，提高了空调暖通的节能效果。经济发展带来了双重后果：一是提升了人们的整体生活质量；二是加重了环境污染，威胁到人们的身体健康。对空调暖通进行优化设计能够有效降低污染物排放，减少能源消耗，从而提升整体环境质量。在对建筑中的空调暖通设备进行设计的过程中，还需要充分结合建筑外部气流状况和建筑当地的地理状况，有效选择环保材料，促进系统升级，提升环保节能设计的社会性与经济效益。

电气节能技术。在新时期的建筑设计中，电气节能技术的应用范围逐渐扩大，能够进一步减少能源消耗。电气节能技术大都应用于照明系统、供电系统和机电系统中。在配置供电系统相关基础设备的过程中，应该始终坚持安全和简单的原则，预防出现相同电压变配电技术超出两端的问题，外变配电所应该和负荷中心之间维持较近的距离，从而有效减少能源消耗，促进整个线路的电压维持在一种稳定的状态。为了降低变压器空载过程中的能量损耗，可以选择配置节能变压器。为了进一步保证热稳定性，控制电压损耗，应该合理配置电缆电线。照明设计和配置两者之间完全不同，照明设计需要符合相应的照度标准，只有合理设计照度才能降低电气系统的能源消耗，实现优化配置的终极目标。

综上所述，环保节能设计符合新时期的发展诉求，同时也是建筑领域未来发展的主流方向，能够促进人们生活环境和生活质量的不断优化，在保证建筑整体功能的基础上，为人们提供舒适生活，打造生态建筑。

第五节 绿色建筑设计的美学思考

在以绿色与发展为主题的当今社会，随着我国经济的飞速发展，科技创新不断进步，在此影响下绿色建筑在我国得以全面发展贯彻，各类优秀的绿色建筑案例不断涌现，这给建筑设计领域也带来了一场革命。建筑作为一门凝固的艺术，其本身是以建筑的工程技术为基础的一种造型艺术。绿色技术对建筑造型的设计影响显著，希望本节的总结归纳能对从事建筑业的同行有所帮助和借鉴。

建筑是人类改造自然的产物，绿色建筑是建筑学发展到当前阶段人类对我们不断恶化的居住环境的回应。绿色建筑的主题也更是对建筑三要素"实用、经济、美观"的最好解答，基于此，对绿色建筑下的建筑形式美学展开研究分析，就十分必要了。

一、绿色建筑设计的美学基本原则

"四节一环保"是绿色建筑概念最基本的要求，新的国家标准 GBT 50378—2009《绿色评价标准》更是在之前的基础上体现出了"以人为本"的设计理念。因此对于绿色建筑的设计，首先要求我们要回归建筑学的最本质原则，建筑师要从"环境、功能、形式"三者的本质关系入手，建筑所表现的最终形式是对这三者关系的最真实反映。对于建筑美，从建筑诞生那刻起人类对建筑美的追求就从未停过，虽然不同时代、不同时期人们的审美有所不同，但美的法则是有其永恒的规律可遵循的。优秀的建筑作品无一例外地都遵循了"多样统一"的形式美原则，对于这些，如主从、对比、韵律、比例、尺度、均衡等，仍然是我们建筑审美的最基本原则。从建造角度来讲，建筑本身是和建筑材料密切相关的，整个建筑的历史，从某种意义上来说也是一部建筑材料史，绿色建筑美的表现还在于对其建筑材料本身特质与性能的真实体现。

二、绿色建筑设计的美学体现

生态美学。生态美属于所有生命体和自然环境和谐发展的基础，其需要确保生态环境中的空气、水、植物、动物等众多元素协调统一，建筑师的规划设计需要在满足自然规律的前提下来实现。我们都知道，中国传统民居就是在我国古代劳动人民不断地适应自然、改造自然的过程中，不断积累经验，利用本土建筑材料与长期积累的建造技艺来建造，最终形成一套具有浓郁地方特色的建筑体制，无论是北方的合院、江南的四水归堂、中西部的窑洞、西南地区的干阑式建筑，无一例外都是适应当地自然环境气候特征、因地制宜建造的结果，其本质体现了先民"天人合一"与自然和谐相处的哲学思想。现代生态建筑的先驱马来西亚建筑大师杨经文的实践作品为现代建筑的生态设计提供了重要方向。他认为"我们不需要采取措施来衡量生态建筑的美学标准。我认为，它应该看起来像一个'生活'的东西，它可以改变、成长和自我修复，就像一个活的有机体，同时它看起来必须非常美丽"。

工艺美学。现代建筑起源于工艺美术运动，而最早有关科技美的思想，是一名德国的物理学家兼哲学家费希纳所提出的。建筑是建造艺术与材料艺术的统一体，其表现出的结构美，材料质感美都与工业、科技的发展进步密不可分。人类进入信息化社会以后，区别于以往单纯追求的技术精美，未来建筑会更加的智能化、科技感会更突出。这种科技美的出现虽然打破了过去对自然美和艺术美的概念，但同时又为绿色建筑向更高端迈进提供了新的机会，与以往"被动式"绿色技术建造为主不同，未来的绿色建筑将更加的"主动"，从某种意义上讲绿色建筑也会变得更加有生机，自我调控修复的能力更强。

空间艺术。建筑从使用价值角度来讲，其本质的价值不在于其外部形式而在于内部空间本身。健康的舒适的室内空间环境是绿色建筑最基本的要求。不同地域不同气候特征下，建筑内部的空间特征有所区别。一般来说，严寒地区的室内空间封闭感比较强，炎热地区的空间就比较开敞通透。建筑内部对空间效果的追求要以有利于建筑节能，有利于室内获得良好通风与采光为前提。同时，室内空间的设计要能很好地回应外部的自然景观条件，能将外部景观引入室内（对景、借景），从而形成美的空间视觉感受。

三、绿色建筑设计的美学设计要点

绿色建筑场地设计。绿色建筑对场地设计的要求我们在开发利用场地时，能保护场地内原有的自然水域、湿地、植被等，保持场地内生态系统与场外生态系统的连贯性。正所谓："人与天调，然后天下之美生。"就是说只有将"人与天调"作为基础，进行全面的关注和重视，综合对生态的重视，我们才能够完成可持续发展观，从而设计并展现出真正的美。这就要求我们在改造利用场地时，首先选址要合理，所选基地要适合于建筑的性质。在场地规划设计时，要结合场地自身的特点（地形地貌等），因地制宜地协调各种因素，最终形成比较理性的规划方案。建筑物的布局要合理有序，功能分区明确，交通组织合理。真正与场地结合比较完美的建筑就如同在场地中生长出的一般，如现代主义建筑大师赖特的代表作流水别墅就是建筑与地形完美结合的经典之作。

绿色建筑形体设计。基于绿色建筑下建筑的形态设计，建筑师应充分考虑建筑与周边自然环境的联系，从环境入手来考虑建筑形态，建筑的风格应与城市、周边环境相协调。一般在"被动式"节能理念下，建筑的体型应该规整，控制好建筑表面积与其体积的比值（体型系数），才能节约能耗。对于高层建筑，风荷载是最主要的水平荷载。建筑体型要求能有效减弱水平风荷载的影响，这对节约建筑造价有着积极的意义，如上海金茂大厦、环球金融中心的体型处理就是非常优秀的案例。在气候影响下，严寒地区的建筑形态一般比较厚重，而炎热地区的建筑形态则相对比较轻盈舒展。在场地地形高差比较复杂的条件下，建筑的形态更应结合场地地形来处理，以此来实现二者的融合。

绿色建筑外立面设计。绿色建筑要求建筑的外立面首先应该简洁，摒弃无用的装饰构件，这也符合现代建筑"少就是多"的美学理念。为了保证建筑节能，应在满足室内采光的要求下，合理控制建筑物外立面开窗尺度。在建筑立面表现上，我们可通过结合遮阳设置一些水平构架或垂直构件，建筑立面的元素要有存在的实用功能。在此理念下，结合建筑美学原理，来组织各种建筑元素来体现建筑造型风格。在建材选择选择上，应积极选用绿色建材，建筑立面的表达要能充分表现材料本身的特征，如钢材的轻盈、混凝土的厚重及可塑性、玻璃反射与投射等。在智能技术发展普及下，建筑的外立面就不是一旦建成就固定不变了，如今已实现了可控可调，建筑的立面可以与外部环境形成互动，丰富了建筑的立面视觉感观。比如可智能调节的遮阳板、可以"呼吸"的玻璃幕墙、立体绿化立面等，都展现出了科技美与生态美理念。

绿色室内空间设计。在室内空间方面，首先绿色建筑提倡装修一体化设计，这可以缩短建筑工期，减少二次装修带来的建筑材料上的浪费。从建筑空间艺术角度来说，一体化设计更有利于建筑师对建筑室内外整体建筑效果的把控，有利于建筑空间氛围的营造，实现高品位的空间设计。从室内空间的舒适性方面来说，绿色建筑的室内空间要求能改善室内自然通风与自然采光条件。基于此，中庭空间无疑是最常用的建筑室内空间。结合建筑的朝向以及主要风向设置中庭，形成通风甬道。同时将外部自然光引入室内、利用烟囱的效应，有助于引进自然气流，置换优质的新鲜空气。中庭地面设置绿化、水池等景观，在提供视觉效果的同时，更是有利于改造室内小气候。

绿色建筑景观设计。景观设计由于其所处国度及文化的不同，设计思想差异很大，以古典园林为代表的中国传统景观思想讲究体现山水的自然美，而西方古典园林则是以表达几何美为主。这两种哲学思想形成了现代景观设计的两条主线。绿色主题下的景观设计应该更重视建立良性循环的生态系统，体现自然元素和自然过程，减少人工痕迹。在绿化布局中，我们要改变过去单纯二维平面维度的布置思路，提高绿容率，讲究立体绿化布置。在植物配置的选择上应以乡土树种为主，提倡"乔、灌、草"的科学搭配，提高整个绿地生态系统对基地人居环境质量的功能作用。

绿色建筑的发展打破了固有的建筑模式，给建筑行业注入了新的活力。伴随着人们对绿色建筑认识的提高，也会不断提升对于绿色建筑的审美能力，作为建筑师我们更应该提升个人修养，杜绝奇奇怪怪的建筑形式，创作符合大众审美的建筑作品。

第六节　绿色建筑设计的原则与目标

"生态引领、绿色设计"为主的绿色建筑设计理念逐渐得到建筑行业重视，并得到一定程度的推广与应用。以绿色建筑为主的设计理念主张结合可持续战略政策，实现建筑领域范围内的绿色设计目标，解决以往建筑施工污染问题，最大限度地确保建筑绿色施工效果。可以说，实行绿色建筑设计工作俨然成为我国建筑领域予以重点贯彻与落实的工作内容。针对此，本节主要以绿色建筑设计为研究对象，重点针对绿色建筑设计原则、实现目标及设计方法进行合理分析，以供参考。

全面贯彻与落实国家建筑部会议精神及决策部署，牢固树立创新、绿色、开放的建筑领域发展理念，俨然成为建筑工程现场施工与设计工作亟待实现的发展理念与核心目标。目前，对于绿色建筑设计问题，必须严格按照可持续发展理念与绿色建筑设计理念，即构建以创新发展为内在驱动力，以绿色设计与绿色施工为内在抓手的设计理念，以期可以为绿色建筑设计及现场施工提供有效保障。与此同时，在实行绿色建筑设计的过程中，建筑设计人员必须始终坚持把"生态引领、绿色设计"放在全局规划设计当中，力图将绿色建筑设计工作带动到建筑工程全过程施工当中。

一、绿色建筑的相关概述

基本理念。所谓的绿色建筑主要是指在建筑设计与建筑施工过程中，始终秉持人与自然协调发展的原则，并秉持节能降耗发展理念，保护环境和减少污染，为人们提供健康、舒适和高效的使用空间，建设与自然和谐共生的建筑物。在提高自然资源利用率的同时，尽量促进生态建筑与自然建筑的协调发展。在实践过程中，绿色建筑一般不会使用过多的化学合成材料，而会充分利用自然能源，如太阳光、风能等可再生资源，让建筑使用者直接与大自然相接触，减少以往人工干预问题，确保居住者能够生活在一个低耗、高效、环保、绿色、舒心的环境当中。

核心内容。绿色建筑的核心内容多以节约能源资源与回归自然为主。其中，节约能源资源主要指在建筑设计过程中，利用环保材料、最大限度地确保建设环境安全。与此同时，提高材料利用率，合理处理并配置剩余材料，确保可再生能源得以反复利用。举例而言，针对建筑供暖与通风设计问题，在设计方面应该尽量减少空调等供暖设备的使用量，最好利用自然资源，如太阳光、风能等，加强向阳面的通风效果与供暖效果。一般来说，不同地区的夏季主导风向有所不同。建筑设计人员可以根据不同地区的地理位置以及气候因素进行统筹规划与合理部署，科学设计建筑平面形式和总体布局。

绿色建筑设计主要是指在充分利用自然资源的基础上，实现建筑内部设计与外部环境的协调发展。通俗来讲，就是在和谐中求发展，尽可能地确保建筑工程的居住效果与使用效果。在设计过程中，摒弃传统能耗问题过大的施工材料，尽量杜绝使用有害化学材料等，并尽量控制好室内温度与湿度问题。待设计工作结束之后，现场施工人员往往需要深入施工场地进行实地勘测，及时明确施工区域土壤条件，是否存在有害物质等。需要注意的是，对于建筑施工过程中使用的石灰、木材等材料必须事先做好质量检验工作，防止施工材料过量的问题。

二、绿色建筑设计的原则

简单实用原则。工程项目设计工作往往需要立足于当地的经济特点、环境特点以及资源特点方面进行统筹考虑，对待区域内的自然变化情况，必须充分利用好各项元素，以期可以提高建筑设计的合理性与科学性。介于不同地域经济文化、风俗习惯存在一定差异，因此所对应的绿色设计要求与内容也不尽相同。针对此，绿色建筑设计工作必须在满足人们日常生活需求的前提下，尽可能地选用节能型、环保型材料，确保工程项目设计的简单性与适用性，更好地加强对外界不良环境的抵御能力。

经济和谐原则。绿色建筑设计针对空间设计、项目改造以及拆除重建问题予以了重点研究，并针对施工过程能耗过大的问题，如化学材料能耗问题等进行了合理改进。主张现场施工人员以及技术人员必须采取必要的控制手段，解决以往施工能耗过大的问题。与此同时，严格要求建筑设计人员事先做好相关调查工作，明确施工场地施工条件，针对不同建筑系统采取不同的方法策略。为此，绿色建筑设计要求建筑设计人员必须严格遵照经济和谐原则，充分延伸并发展可持续发展理念，满足工程建设经济性与和谐性目标。

节约舒适原则。绿色建筑设计主体目标在于如何实现能源资源节约与成本资源节约的双向发展。因此，国家建筑部将节约舒适原则视作绿色建筑设计工作必须予以重点践行的工作内容。严格要求建筑设计人员必须立足于城市绿色建筑设计要求，重点考虑城市经济发展需求与主要趋势，并且根据建设区域条件，重点考虑住宅通风与散热等问题。最好减少空调、电扇等高能耗设备的使用频率，以期初步缓解能源需求与供应之间的矛盾。除此之外，在建筑隔热、保温以及通风等功能的设计与应用方面，最好实现清洁能源与环保材料的循环使用，以期进一步提升人们生活的舒适度。

三、绿色建筑设计目标内容

新版《公共建筑绿色设计标准》与《住宅建筑绿色设计标准》针对绿色建筑设计目标内容做出了明确指示与规划，要求建筑设计人员必须从多个层面，实现层层推进、环环紧扣的绿色建筑设计目标。重点从各个耗能施工区域入手，加强节能降耗设计措施，以确保绿色建筑设计内容实现建筑施工全范围覆盖目标。以下是本人结合实际工作经验，总结与归纳出绿色建筑设计亟待实现的目标内容，仅供参考。

功能目标。绿色建筑设计功能目标涵盖面较广，集中以建筑结构设计功能、居住者使用功能、绿色建筑体系结构功能等目标内容为主。在实行绿色建筑设计工作时，要求建筑设计人员必须从住宅温度、湿度、空间布局等方面综合衡量与考虑，如空间布局规范合理、建筑面积适宜、通风性良好等。与此同时，在身心健康方面，要求建筑设计人员必须立足于当地实际环境条件，为室内空间营造良好的空气环境，且所选用的装饰材料必须满足无污染、无辐射的特点，最大限度地确保建筑物安全，并满足建筑物的使用功能。

环境目标。实行绿色建筑设计工作的本质目的在于尽可能地降低施工过程中造成的污染。因此，对于绿色建筑设计工作而言，首先必须实现环境设计目标。在正式设计阶段，最好着眼于合理规划建筑设计方案方面，确保绿色建筑设计目标得以实现。与此同时，在能源开采与利用方面，最好重点明确设计目标内容，确保建筑物各结构部位的使用效果。如结合太阳能、风能、地热能等自然能源，降低施工过程中的能耗污染问题。

成本目标。经济成本始终是建筑项目予以重点考虑的效益问题。对于绿色建筑设计工作员而人言，实现成本目标对于工程建设项目具有至关重要的作用。对于绿色建筑设计成本而言，往往需要从建筑全寿命周期进行核定。对待成本预算工作，必须从整个规划的建筑层面入手，将各个独立系统额外增加的费用进行合理记录。最好从其他方面进行减少，防止总体成本发生明显波动，如太阳能供暖系统投资成本增加可以降低建筑运营成本等。

四、绿色建筑设计工作的具体实践分析

关于绿色建筑设计工作的具体实践，笔者主要以通风设计、给排水设计、节材设计为例。其中，通风设计作为绿色建筑设计的重点内容，需要立足于绿色建筑设计目标，针对绿色建筑结构进行科学改造，如合理安排门窗开设问题、适当放宽窗户开设尺寸，以达到提高通风量的目的。与此同时，对于建筑物内部走廊过长或者狭小的问题，建筑设计人员一般多会针对楼梯走廊实行开窗设计，目的在于提高楼梯走廊光亮程度以及通风效果。

在给排水系统设计方面，严格遵循绿色建筑设计理念，将提高水资源利用效率视为给排水系统设计的核心目标。在排水管道设施的选择方面，尽量选择具备节能性与绿色性的管道设施。在布局规划方面，必须满足严谨、规范的绿色建筑设计原则。另外，在节约水资源方面，最好合理回收并利用雨水资源、规范处理废水资源。举例而言，废水资源经循环处理之后，可以用于现场施工，如清洗施工设备等。

在建筑设计过程中，节材设计尤为重要。建筑材料的选择直接影响着设计手法和表现效果，建筑设计应尽量多地采用天然材料，并力求使资源可重复利用，减少资源的浪费。木材、竹材、石材、钢材、砖块、玻璃等均是可重复利用的极好建材，是现在建筑师最常用的设计手法之一，也是体现地域建筑的重要表达语言。旧材料的重复利用，加上现代元素的金属板、混凝土、玻璃等能形成强烈的新旧对比，在节材的同时赋予了旧材料新生命，同时也彰显了人文情怀和地方特色。材料的重复使用更能凸显绿色建筑，地域与人文的"呼应"，传统与现代的"融合"，环境与建筑的"一体"的理念。

总而言之，绿色建筑设计作为实现城市可持续发展与环保节能理念落实的重要保障，理应从多个层面，实现层层推进、环环紧扣的绿色建筑设计目标。在绿色建筑设计过程

中，最好将提高能源资源利用率、实现节能、节材、降耗目标放在设计的首要战略位置，力图在降低能耗的同时，节约成本。与此同时，在绿色建筑设计过程中，对于项目规划与设计问题，必须尊重自然规律、满足生态平衡。对待施工问题，不得擅自主张改建或者扩建，确保能够实现人与自然和谐相处的目标。需要注意的是，工程建筑设计人员最好立足于当前社会的发展趋势与特点，明确实行绿色建筑设计的主要原则及目标，从根本上确保绿色建筑设计效果，为工程建造安全提供保障。

第七节 基于 BIM 技术的绿色建筑设计

社会的快速发展推动了我国城市化的进程，使得建筑行业的发展取得了突飞猛进的进步，建筑行业在快速发展的同时也给我国的生态环境带来了一定的污染，一些能源也面临着枯竭。这类问题的出现对我国的经济发展产生了重大的影响。随着环境和能源问题的日益增大，我国对生态环境保护给予了重大的关注，使我国现阶段的发展理念主要以节能、绿色和环保为主。作为我国城市发展基础工程的建筑工程，为了适应社会的发展，也逐渐向着绿色建筑的方向进步。虽然我国对于绿色建筑已经大力发展，但是由于一些因素的影响，使得绿色建筑的发展存在着一些问题，为了有效地对绿色建筑发展中出现的问题进行解决，就需要在绿色建筑发展中合理地运用 BIM 技术。本节，主要就是基于 BIM 技术的绿色建筑设计进行分析和研究。

一、BIM 技术和绿色建筑设计的概述

BIM 技术。BIM 技术就是一种新型的建筑信息模型，通常应用在建筑工程中的设计建筑管理中，BIM 的运行方式主要是先通过参数对模型的信息进行整合，并在项目策划、维护以及运行中进行信息传递。将 BIM 技术应用在绿色建筑设计中，不但可以为建筑单位以及设计团队奠定一定的合作基础，还可以有效地为建筑物从拆除到修建等各个环节提供有力的参考。由此可见，BIM 技术可以推广建筑工程的量化以及可视化。在建筑工程的项目建筑中，不论任何单位都可以利用 BIM 技术来对作业的情况进行修改、提取以及更新，所以说 BIM 技术还可以促进建筑工程的顺利开展。BIM 技术的发展是以数字技术为基础，是利用数字信息模型来对信息在 BIM 中进行储存的一个过程，这些储存的信息一般是对工程建筑施工、设计和管理具有重要作用的信息，通过 BIM 技术实现对关键信息的统一管理，有利于施工人员的工作。BIM 技术的建筑模型技术，主

要运用的仿真模拟技术，这种技术即使面对一项复杂的工程，也可以快速地对工程的信息进行分析。BIM 技术具有的模拟性、协调性和可视性等特点，可以有效地对建筑工程的施工质量进行提升对施工成本进行降低。

绿色建筑设计。绿色建筑在我国近几年的发展中应用的范围越来越广泛，绿色建筑的发展源于我国以往的建筑行业发展和工业发展带来的严重环境污染和资源浪费，对绿色建筑进行发展主要是希望建筑物的发展在发挥其自身特性的同时，能够达到节能减排的目的，是为了使我国的建筑发展能够在建筑物有限的使用寿命里有效地对能源进行节约和污染进行减小。只有这样才能提升人们的生活质量和促进人与建筑以及人与人的和谐发展。绿色建筑是一种建筑设计理念，并不是在建筑的周围进行的一种绿色设计。简单来说，就是在工程建设不破坏生态平衡的前提下，还能够有效地对建筑材料的使用以及能源的使用进行减少，发展的目的是以节能环保为主。

二、BIM 技术与绿色建筑设计的相互关系

BIM 技术为绿色建筑设计赋予了科学性。BIM 技术主要是通过数字信息模型来对绿色建筑中的数据进行分析，分析的数据不但包括设计数据，还包括施工数据，所以 BIM 技术的运用贯穿于整个建筑工程项目的始终。BIM 技术可以在市政、暖通、水利、建筑以及桥梁的施工中进行引用，在建筑工程中利用 BIM 技术，主要是为了对工程建设的能源损耗进行减小，对施工效率和施工质量进行提高。由于 BIM 技术的发展是以数字技术为基础，所以对数据的分析具有精确性和正确性的特点，在绿色建筑设计的数据分析中利用 BIM 技术进行分析，可以有效地使绿色建筑的设计更加科学化和规范化，绿色建筑设计经过精确的数据分析可以更好地达到绿色建筑的行业标准要求。

绿色建筑设计促进了 BIM 发展技术的提升。我国的 BIM 技术相较于发达国家，起步是较晚的，所以 BIM 技术的发展较为落后。BIM 技术在我国现阶段的发展处于探究发展的阶段，还没完全的成熟，为了加强 BIM 技术的发展，就应在实际的运用中对 BIM 技术问题进行发现和修整。因此，在绿色建筑设计中应用 BIM 技术可以有效地促进 BIM 技术发展的速度，由于绿色建筑设计的每一个环节都需要用到 BIM 技术来进行辅助工作和数据支撑，所以可以对 BIM 技术在每一个环节中出现的问题及时进行发现。

三、基于 BIM 技术的绿色建筑设计

节约能源的使用。绿色建筑设计发展的要求就是做到对资源使用有效的节约，所以说节约能源是绿色建筑设计发展的重要内容。在绿色建筑设计中，BIM 技术的使用可以

通过建立三维模型来对能源的消耗情况进行软件分析，在对数据进行分析时，还可以根据当地的气候数据对模拟进行调整，这样就会使得对建筑结构的分析比较精确，建筑结构设计具有精确性就会最大限度地避免出现建筑结构重置的情况，在实际的施工中也可以减小工程变更问题的出现，因此可以较大程度地减小对能源的使用。通过 BIM 技术还可以实现对太阳辐射强度的分析，这样就可以通过对太阳辐射的分析来获取太阳能，可以做到对太阳能的最大限度使用，太阳能为可再生能源，在绿色建筑中加大对太阳能的使用，就可以有效地减小对其他能源的使用率。

运营管理分析。建筑物对能源的消耗是极大的，而能耗的问题也是建筑行业发展中面临的严峻挑战之一，将 BIM 技术应用在建筑工程中不但可以有效地降低项目工程设计、运行以及施工中对能源消耗的情况，由于 BIM 技术具有独特的状态监测功能，还可以在较短的时间内对建筑设备的运行状态进行了解和有效实现，对运营实时监管和控制。通过对运营的监管可以最大限度地做到对使用能源进行减少，从而使得绿色建筑设计的经济效益最大化。BIM 技术还具有紧急报警装置，如果在施工的过程中有意外情况发生，BIM 就会及时发出警报，从而使事故发生损失最小化。

室内环境分析。在绿色建筑中利用 BIM 技术来对数据进行分析，可以通过精确且高效的计算数据来对建筑物设计中的不足进行发现，这样不但可以有效地对建筑设计的水平进行提升，还可以最大限度地对建筑物室内的环境、通风、采光、取暖、降噪等方面进行优化。BIM 技术对室内环境的优化主要是通过对室内环境的各种数据进行分析之后得出真实情况的模拟，再通过 BIM 技术准确的数据支撑，使设计者在了解数据之后通过对门窗开启的时间、速度和程度等各种条件来对通风情况进行改善，因此，BIM 技术的应用可以有效地对室内通风的状况进行优化。

协调建筑与环境之间的关系问题。利用 BIM 技术可以对建筑物的墙体、采光问题、通风问题以及声音的问题等通过数据进行分析，在利用 BIM 技术对这类问题进行分析时，通常是利用建筑方所提供的设计说明书来对相应的光源、声音以及通风情况进行设计，通过把这类数据输入 BIM 软件，便可以生产与其相关的数据报告，设计者再通过这些报告来对建筑物的设计进行改进，便可有效地对建筑物和环境之间的问题进行协调。

我国科技的不断发展在促进社会进步的同时，也使得 BIM 技术得到了广泛的应用，为了满足社会发展的需求，我国的建筑行业正在向着绿色建筑方向发展。要使绿色建筑设计取得良好的发展，就需要在绿色建筑设计中融入 BIM 技术，BIM 技术对绿色建筑设计具有较好的辅助作用，有利于提升设计方案的生态性，并且可以有效地改善建筑工程建设污染严重的情况。面对环境污染严重的局势，我国必须加大对绿色建筑设计的推广力度，并且积极地利用现代技术来优化模拟设计方案，这样才可以推动建筑设计的生态型以及促进建筑行业的可持续发展。

第二章 绿色建筑施工研究

第一节 绿色建筑施工质量监督要点

近年来，随着我国建筑行业标准体系的完善、政策法规的出台，绿色建筑开始进入规模化的发展阶段。绿色建筑强调从设计、施工、运营三个方面着手，落实设计要求，保障施工质量。本节首先分析了绿色建筑概述，然后讲明了绿色建筑施工管理的意义，最后探讨了绿色建筑施工质量的监督要点。

在我国的经济发展中，建筑行业一直占据着重要地位，随着施工技术的发展和创新，我国建筑行业的管理方法、施工方法都实现了改进。为响应国家保护环境、节能减排的号召，绿色施工材料和技术不断涌现，绿色建筑项目增加、规模扩大，使得我国的建筑行业越来越趋向于绿色化、工业化。从实际来看，相较于发达国家，我国绿色建筑的管理水平低，施工技术不先进，质量管控机制不健全。因此，积极探讨相关的质量监督要点成为必然，现从以下几点进行简要的分析。

所谓的绿色建筑，多指在建筑行业以保护环境、节约资源为理念，以实现大自然、建筑统一为宗旨，为人们提供健康舒适的生活环境，为大自然提供低影响、低污染共存的建筑方式。绿色建筑作为现代工业发展的重要表现，和工业建筑同样具备施工便捷、节约资源的特点。在工程施工中，通过规范、有效管理机制的使用，提高施工管理效率，减少施工过程的不良影响，削减施工成本、材料的消耗量。同时，绿色建筑还能通过节约材料、保护室外环境、节约水资源等途径，实现环保、低碳的目标。此外，绿色建筑还强调施工过程的精细化管理，通过对施工材料、成本、设计、技术等要素的分析，实现成本、质量间的均衡，确保周围环境、建筑工程的和谐相处。施工期间各种施工手段和技术的使用，项目资源、工作人员的合理安排，能保证工程在规定时间内竣工，提高施工质量，确保整体结构的安全性。

一、绿色建筑施工管理的意义

随着城市化建设进程的加快，建筑市场规模扩大，建筑耗材增加，在提高经济发展水平的同时，加剧着环境的污染、资源的浪费。近几年，传统的管理模式已无法满足发展要求，对此我国开始倡导绿色建筑，节约施工资源，保障施工质量，提高工程的安全性。从绿色建筑的管理方面来看，利用各措施加强施工管理，能促进社会发展，实现节能减排的目标。从建筑企业来看，加大对施工过程的监管力度，紧跟时代的发展步伐，不但能减少施工成本，提高经济效益，还能推动自身发展。

二、绿色建筑施工质量的监督要点

树立绿色施工理念。要想保障绿色建筑的施工质量，就要借助合理、有效的培训手段，引导全体员工树立绿色施工理念。待全体员工树立该理念后，能自主承担工程施工的责任，并为自身行为感到自豪，为施工质量监督工作的进行提供保障。现阶段，我国建筑人员学历低，绿色环保意识缺乏，因此，在开展管理工作时，必须积极宣讲和绿色施工相关的知识，具体操作包括：第一，绿色建筑施工前期，统一组织施工人员参加讲座，向全体员工宣讲绿色施工的重要性。工程正式施工后，以班组为单位开展培训。第二，借助宣传栏、海报等形式，讲解绿色施工知识和技术，进一步提高施工人员的绿色施工意识。第三，将绿色施工理念引入员工的考核中，及时通报和处罚浪费施工材料、污染环境的行为。对于工作中表现积极的班组和个人，给予精神或物质上的奖励。

质量监督计划的编制和交底。在质量监督工作开展之前，监督人员需要详细地阅读经审查结构审核通过的文件，并详细查阅相关内容。结合绿色建筑工程的设计特征，工程的重要程序、关键部分及建设单位的管理能力，制订与之相匹配的监督计划。在对工程参建方进行质量交底时，需要明确地告知各方质量监督方式、监督内容、监督重点等。同时，还要重点检查绿色建筑所涉及的施工技术、质量监管资料，具体包括：建筑工程的设计资料，如设计资料的核查意见、合格证书，经审核机构加盖公章后的图纸；施工合同、中标通知书等；设计交底记录、图纸会审记录等相关资料，并检查其是否盖有公章；和绿色建筑施工相关的内容、施工方案、审批情况；和工程质量监督相关的内容和审批情况。

主体分部的质量监督。监督人员应依据审查通过的设计文件，对工程参建各方的行为进行重点监督，如实体质量、原材料质量、构配件等，具体包括：参照审核通过的设计文件，抽查工程实体，重点核查是否随意变更设计要求；对工程所使用的原材料、构配件质量证明文件进行抽查，如高强钢筋、预拌砂浆、砌筑砂浆、预拌混凝土等，审核是否符合标准和设计要求；经由预制保温板，抽检现浇混凝土、墙体材料文件和工程质量的证明文件，确保施工质量满足要求。

围护系统施工质量监督。对于绿色建筑而言，所谓的围护系统包括墙体、地面、幕墙、门窗、屋面多个部分。具体施工中，监督人员需要随时抽查施工过程，具体包括：建设单位是否严格按要求施工，监督工作是否符合要求；抽查工程的关键材料，核查配件的检验证明、复检材料；控制保温材料厚度和各层次间的关系，监督防火隔离带的设置、建设方法等重要程序的质量。

样板施工质量监督。在绿色建筑施工中，加强对样板施工质量的监督，能保证工程按图纸要求和规范进行，满足设计方要求。在施工现场，监督人员向参建方提出样板墙要求，巡查过程中重点审核地面、门窗样板施工是否符合相关要求。若样板间的施工质量符合规范和要求，可让施工单位继续施工。为保证施工样本的详细性，样板施工过程中需要认真检查这样几部分：样板墙墙体、地面施工构件、材料的质量检验文件，见证取样送检，检查进入施工现场的材料是否具备检验报告，内容是否健全，复检结果是否符合要求；检验样板墙墙体、地面作品的拉伸强度和黏度，检验锚固件的抗拔力，并对相关内容的完整性、结果的真实性进行检测；检验地面、门窗、墙体工程实体质量，检查样板施工作品规格、种类等方面是否符合要求，检查是否出现随意更改设计方案和内容的现象。

设备安装质量监督。绿色建筑中的设备包括电气、给排水、空调、供暖系统等内容，质量监督人员在巡检工程时，必须对设备的生产证明、安装材料的检验资料等进行抽查。对于体现出国家、相关行业的标准，和对绿色建筑设备系统安装时的强制性文件，检验其完整性及落实情况。同时，还要重点监督设备关键的使用功能、质量。对于监督过程中影响设备使用性能、工程安全质量的问题，或是违反设计要求的问题，应立即整改。

分部工程的监督验收。绿色建筑的分部工程验收，需要在分项工程、各检验批验收合格的情况下，对建筑外墙的节能构造、窗户的气密性、设备性能进行测评，待工程质量满足验收要求后再开展后续工作。监督人员在对分部工程进行监督和验收时，需要监督和检查涉及绿色建筑的验收资料、质量控制、检验资料等，具体包括：绿色建筑分部工程的设计文件、洽商文件、图纸会审记录等；建筑工程材料、设备质量证明资料，进场检验报告和复检报告，施工现场的检验报告；（其中，绿色建筑外墙外保温系统抗风压及耐候性的检测、外窗保温性能的检测、建筑构件隔音性能的检测、楼板撞击声隔离性能的检测、室内温湿度的检测、室内通风效果的检测、可再生设备的检测以及主要针对施工质量控制、验收要求，监督人员参照设备性能要求监督参建方的工作行为）；绿色建筑的能效测评报告，能耗检测系统报告；隐蔽工程的验收报告和图像资料；包含原有记录的验收报告，分项工程施工过程及质量的检验报告。

建筑工程的竣工验收和问题处理。申报绿色建筑的竣工验收后，监督人员需要重点审核工程内容的验收条件，包括：行政主管部门、质量监督机构对工程所提出的整改问题，是否完全整改，并出具整改文件；分部工程的验收结果，出具验收合格的证明文件。对于验收不合格的工程，不能进行验收；建设单位是否出具了评估报告，评估建议是否符合相关要求。对于工程巡检、监督验收过程中发现的问题，签发《工程质量监督整改通知书》，责令整改。对于存在不良行为记录、违反法律制度的单位，及时进行行政处罚。

综上所述，绿色建筑作为推动建筑行业发展的重要组成，在提高资源利用率，减少环境污染上具有重要作用。为充分发挥绿色建筑的意义，除要明确绿色建筑施工管理的重要性，树立绿色施工理念外，还要合理使用低能耗的材料和设备，加强对设备安装、围护系统、样板施工等工序的质量监督，确保整个工程的施工质量，推动绿色建筑可持续发展。

第二节　绿色建筑施工技术探讨

绿色施工是实现环境保护、工程价值、资源节约目标一体化的建筑项目施工理念，现阶段绿色建筑施工技术取得了重大发展，被广泛地运用到建筑工程中。为此，本节结合某建筑办公楼的实际案例，首先介绍了工程的基本情况，紧接着具体地阐述了绿色建筑施工技术的标准与要求，并基于此提出了绿色建筑施工技术的实施要点。

建筑施工难免会对周围环境产生消极影响，因此，施工单位要根据绿色施工要求尽量降低影响。《绿色施工导则》中对绿色施工做出了如下定义：在工程建设过程中，在保证施工安全与施工质量等基础上，通过运用先进的施工技术与科学的管理办法，最大限度地减少资源浪费，减轻周围环境受施工活动的负面影响，实现"四节一保"目标。本节结合实际开展的施工项目，分析绿色施工技术应如何使用，希望对同类施工项目能够产生一定的参考意义。

一、工程的基本情况

某办公楼项目地处浙江某市滨江绿地以东、浦明路以西和浦电路交接的位置，占地面积多达 20832.9m²，呈梯形状，南北向有 156m 宽，东西向有 132m 长。整个项目地上主楼有 20 层、地下 3 层、裙楼 5 层，整个建筑面积多达 87943m²。在这当中，地上、地下建筑面积分别为 50361m²、37582m²。主楼、裙楼基础分别使用的是采桩筏板基础、桩承台防水板基础，地库与裙楼防水板的厚度介于 1~1.2m 之间，核心筒下筏板基础有 1.6m 厚。主楼钻孔灌注桩有 49m 长，直径为 700，裙楼地库钻孔灌注桩的直径与之相同，但长度不一，仅有 34m。

本项目工程合同质量目标是：保证获得优秀项目得奖，保证工程备案制验收能实现"一次合格"。项目部质量目标为：保证主体结构工程获得"市优质工程奖"，钢结构工程获得"金刚奖"。为此，在施工期间，本项目充分融入并应用了绿色施工理念。

二、绿色建筑施工技术的标准与要求

（一）不会对原生态基本要素产生严重破坏

该办公楼建设项目（下面简称本项目）施工过程中，对周围农田、槽底、河流、森林、文物等要做好保护工作，避免产生破坏性影响。如果可以实现的话，还可以充分利用周围原生态要素进行建设。本项目主体建设所用地域为"荒地"，该地区的地形主要以平底为主，同时也有多个小土丘。另外，本项目占地范围内水系不够发达，只有在汛期才能形成小溪。区域内也没有文物资源与古树、古建筑等需要保护的资源。因此，本项目在进行施工时不用针对动植物、文化等制订保护计划。但是，对于办公楼的垂直绿化施工可充分利用区域内已有的植入资源。本项目的绿化面积设计超过 1200m²，屋顶绿化率要求达到 74% 以上，在选择植物时可选择当地已有的或者海南其他地域的特有植物。

（二）尽最大限度地减少建筑拆除废料的产生量

本项目施工过程中的下料方案设计必须做到科学合理，同时针对废料重复使用也要制订合理的计划。本项目室内空间设计方面采用的理念是"开放性、大开间"，这样做的目的是有助于根据实际办公需求与商务需求等对室内空间做出灵活的隔断操作，从而有效降低废料总量，保证建筑结构基础的完整性。同时，在对室内空间进行装修时，室内空间面积超过 10000m²，室内空间结构与空间功能可结合实际需要进行变化，这样也能够有效降低废料总量的产生。

（三）提高水资源处理与利用能力

总部办公对水量的需求较大，废水处理工作也十分重要。第一，冲洗设备方面可选择节能水龙头、脚踏淋浴、智能冲洗设备等，有效控制因不良使用习惯产生的水资源浪费。第二，施工排水设施设计时要严格按照"雨水污水分流、废水污水分流"的原则进行设计。可以集中收集雨水，并用来冲洗道路、浇灌植被、作为喷泉水等使用；生活污水需根据污水处理要求进行处理，并统一排入市政污水下水道；也可以对生活废水进行收集，并经过沉淀与消毒处理之后，冲洗公共厕所、灌溉绿化等。

（四）尽可能地防止土方对附近环境产生影响

建筑施工过程中对周围空气污染的控制可通过封闭施工来实现，也可以在运输方面采取措施降低土方造成的空气污染；同时，也能够避免土方因雨水外泄，导致周围水体质量受到影响。另外，还可以通过地面硬化、隔离墙、隔离网、洒水等方面降低土方开挖、运输等产生的土方外泄污染。

三、绿色建筑施工技术的实施要点

（一）采取水土固定措施，减少施工土方制造量

本项目施工要根据办公楼用途与工程清洁能力要求指导施工。首先，通过混凝土硬化的方式加固基坑边坡，这样不仅能够保证施工安全，同时对控制水土被水流冲刷产生的流失量也能产生效果。其次，通过绿化施工来降低土体裸露程度。最后，绿化带如果出现破坏要及时修复，因工程施工产生的土方要及时清理出现场，避免绿化带受损严重无法再进行修复。

（二）遵循相关的法律法规办事，防止噪声扰民问题产生

本项目施工过程中对于周边居民意见要及时收集并充分听取，尽量减少对周边居民正常生活产生干扰。首先，混凝土搅拌、钢筋加工等应尽量避免露天作业，可通过建立隔音降噪工作棚的方式作业。其次，土方施工阶段与结构施工阶段要制定合理的工作时间段，避免对周边居民生活造成影响。如果需在夜间施工，应保持在55dB以下的噪声分贝。最后，监控各个角度的噪声，一旦声量超过标准，对周边居民休息、学习产生干扰，要及时降噪。

（三）坚决贯彻落实《污水综合排放标准》

本项目是大型办公楼，每天人流量很大，产生的污水总量也就会更大。因此，在处理各类污水时要根据《污水综合排放标准》GB8978中的规定进行标准化的处理。污染

沉淀池要增加清洗频率，沉淀后的污水可用于冲洗道路、冲洗公测等；沉淀池污染不能直接排入市政污水网络，避免出现管道堵塞的情况。另外，施工现场需要设置专门的化粪池，用于洗浴厕所等生活用水的接纳。这些污水在排入市政污水网络之前，必须要经过处理，并且这些污水沉淀物要及时清理出场。

（四）提高就地取材比例

本项目施工需要的施工材料种类多且数量大，长途运输存在材料供应紧张以及材料运输污染等问题。因此，本项目施工材料的采购应尽量在当地建材市场中进行采购。一般来说，建筑材料采购范围应在 500km 以内。如果当地建材市场不具备部分特殊施工材料，再选择长途采购。就地取材对项目成本控制能够产生良好的作用，同时与当地环境也具备更强的适应性，对于绿色施工理念的落实也更有利。

（五）施行环境质量监测

绿色施工从制度上取得推进，就必须由独立机构的专业人员全程监控检测项目施工全过程与整体环境质量。比如，检测建筑材料是否具有有毒有害物质，如果建筑材料与相关标准不符合，要进行更换；检测办公楼内部空间空气质量是否存在过量漂浮物、是否释放有毒气体等，如果有需要要及时要求施工方进行整改。在检测完成施工环境质量后还要编制详细的环境评估报告，便于施工方与甲方根据报告制定整改措施。

目前，绿色施工已发展成各种工程的主流施工理念之一。但是，绿色施工不乏高难度的技术支持，绿色施工理念能否得以实现，主要是由施工方的决心、承建方的监督意识及其理念所决定的，当然还取决于管理者与一线施工队伍能否将相关工作做到位。所以，要强化向施工人员与一线管理者推广宣传绿色施工理念力度，积极开展培训工作，为有关方案与制度的贯彻落实奠定保障。

第三节 绿色建筑施工的四项工艺创新

随着社会以及时代的不断发展，相比于以前我国的科学技术也开始变得越来越高，在城市化进程以及我国经济水平不断提高的今天，我国生产力相比于以前也正在飞速提高。由此不难发现，生产力的发展为社会整体发展带来了很多的优势，但是同时也存在着一定的劣势。例如我们如今需要面临的环境污染以及生态被破坏。因此，在这种情况下，为了保证人们能够正常健康并且绿色的生活，我国应该越来越提高对可持续发展道路的重视程度，将改善环境以及保护环境作为首要任务。而建筑作为保证人们正常生存的一部分，更是受到了越来越多的关注，因此，我们也应该加强对绿色建筑的重视程度，为可持续发展提供保障。

在社会以及经济不断发展的今天，走可持续道路已经成为我国发展的重要战略，建筑作为保证人们日常生活的重要部分，一直以来都在受人们的广泛关注，而在可持续发展这一背景下，如何将建筑工程与环境保护两者更好地结合到一起已经成为我们需要思考的问题，进行绿色建筑工程施工也已经成为我们的一项重要任务。因此，对新技术、新材料以及新设备进行使用已经变得十分重要。本节将简单对绿色建筑施工的四项工艺创新进行分析，希望能够对我国进行绿色建筑施工起到一定的促进作用。

简单来说，我们所提到的绿色建筑指的就是一种环境，这种环境能够让人们在其中感觉到健康、舒适，这样能够更好地在这一环境当中进行学习以及工作。这种环境可以通过节约能源或者是有效地对能源进行利用来提高能源的利用率，可以在最大限度上减少施工现场可能产生的影响，保证能够在低环境负荷的情况下让人们的居住更加高效，使人与自然之间达到一个共生共荣的状态。我们进行绿色建筑工程的终极目标就是将"绿色建筑"作为整个城市的基础，然后不断地对其进行扩张以及规划，将"绿色建筑"变得不仅仅是"绿色建筑"，而是变为"绿色社区"或者是"绿色城市"，以此来将人与自然更加和谐地结合到一起。由此，我们可以看出，如果我们想要进行绿色建筑，只依靠想象或者是纸上谈兵是难以实现的，想要更好地将绿色建筑发展起来离不开各种各样的创新。而我们所要进行的绿色建筑也并不是可有可无的，是与今后的形式相结合的，更是社会发展的必经之路。因此，想要做好绿色建筑，我们可以从以下几点入手。第一，对建筑的发展观进行相应的创新。第二，将可以利用的能源进行创新。第三，对建筑应用技术进行创新。第四，对建筑开发的相关运行方式进行创新。第五，对绿色建筑的管理方式进行创新。

外幕墙选用超薄型石材蜂窝、防水铝板组合的应用技术。一般来说，在进行建筑工程建设的过程中，同类攻坚面积最大的外幕墙应用超薄型石材蜂窝铝板的工程，整个外围幕墙就使用到了10多种材料，这也就可以看出，使用这种材料不仅仅使用更加便利，同时还能够将建筑的美观以及程度全面地展现出来，同时能够促进企业的科技水平以及生产水平，还能够为其他的同类工程建设提供一定的指导。因为复合材料自身所具备的独特优势，所以在进行工程建设的过程当中开始有越来越多的人使用复合材料进行建设，而在这些复合材料当中，石材蜂窝铝板因为其特有的轻便、承载力较大、容易安装等特点更是受到了人们的喜爱。铝蜂窝板是夹层结构的坚硬轻型板复合材料，薄铝板与较厚的轻体铝蜂窝芯材相结合，这样不仅能够保证可靠性，同时还能更好地提高美观程度。

虽然说铝蜂窝板自身的质量以及性能都有着很强的优势，但是如果将其使用在北方地区，就会因为温度变化较大出现变形的情况，为了避免这种问题的出现，就需要使用超薄型石材蜂窝板的施工工艺来进行施工。

阳光追逐镜系统的施工技术。我们所提到的阳光追逐系统简单来说就是通过发射、散射等物理方面的原理，对自然光进行使用，这种自动化的控制系统可以有效地节约需要用到的成本，对太阳光进行自动探测，同时还会捕捉太阳光，根据太阳的角度自动调整转向，让太阳光能够到指定的位置。一般情况下，阳光追逐镜系统是由追光镜、反光镜、控制箱以及散光片四个方面所组成的，在使用的时候我们应该首先对追光镜以及反光镜进行安装，并且使用电缆将空纸箱与追光镜连接到一起，然后使用控制箱进行调节，这样能够将自然光最大限度地利用上，建筑内部的采光会变得更好。

单晶体太阳能光伏发电幕墙施工技术。光电幕墙是一种较为新型的环保型材料，我们在进行建设的过程中使用这一技术主要有三个优点，以下我们将简单对这三方面的优点进行分析。第一，光电幕墙是一种新型的环保型材料，主要用在建筑外壳当中，用这种材料进行建设建筑的外形较为美观，同时对于抵御恶劣天气也有着很好的作用。除此之外，使用这种材料可以有效地对建筑进行消音。第二，光电幕墙能够对自然资源进行一定的保护，因为使用这种施工技术进行施工不会产生噪声或者环境方面的污染，所以适用范围十分广泛。第三，也就是光电幕墙最为重要的一个优点，就是不需要使用燃料来进行建设，同时也不会产生污染环境的工业垃圾。除此之外，光电幕墙还可以用来发电，是一种可以产生经济效益并且绿色环保的新型产品。

真空管式太阳能热水系统的施工技术。就现阶段能源实际情况来看，不管是我国还是世界的能源都处在一种紧缺的情况下，各国人民都开始投入大量的人力、物力以及财力对新能源进行相应的开发，而在这些能源当中，太阳能作为一种清洁能源，人们对其重视程度相比于其他能源而言又高得多，所以各国人民都开始广泛地开发以及利用太阳能。真空管式太阳能热水系统则是使用了真空夹层，这种真空夹层能够消除气体对流与传导热损，利用选择性吸收涂层，降低了真空集热管的辐射热损。其核心的原件就是玻璃的真空太阳集热管，这样可以对太阳能更加充分地进行利用，住户在建筑当中可以直接使用到热水。我们用一套真空管式太阳能热水系统作为例子来进行分析可以发现，如果我们将其使用年限定为 20 年，每天使用 10 个小时，那么就可以计算出每个小时可以制造出 30kW 的热水，那么我们就可以节约大概 175 万元的电费，由此可见，真空管式太阳能热水系统的使用对于我们有效地节约资金是有着十分重要的作用的。我们应该加强对这一系统的重视力度并且将其更多地应用到建筑施工当中，这样一来不仅能够有效地减少工程可能带来的环境污染，同时还能够更好地节省所需要消耗的经济，不管是对于个人还是社会而言都有着很大的好处。

在我国城市化进程不断加快的今天，人们的生活节奏相比于从前速度开始变得越来越快，而在这种背景之下，城市建筑的"绿色"就成为工程建设中需要重视的事情。因此，人们对新型的环保产品关注程度开始变得越来越高，人们也开始越来越认识到环保的重要性。想要保证建筑工程的环保性，离不开的就是一些可再生能源以及新型能源的使用，这样可以有效地节约一些不可再生能源，并且减少不可再生能源使用所产生的污染。由此可见，在新形势下，使用可再生能源进行绿色建筑施工已经成为一种趋势，这一趋势更加符合我国发展的实际情况，发展前景也是十分可观的。

第四节　绿色建筑施工的内涵与管理

现阶段，国内建筑业在高速发展，并且国内经济的稳步提升也促进了建筑业快速向更高层次发展。近阶段，国内相关部门对绿色建筑方面的研究不断深化，也得到了广大民众的高度重视。那么在本节中，就对建筑施工管理中的关键因素做出明确和探讨，并对绿色建筑施工过程中的施工管理措施做出解析，以期为相关工程的发展尽微薄之力。

绿色建筑属于现代新型施工项目，由于此项目在发展中，会体现出节能环保的现实意义，因而，也得到了建筑业的高度重视，并且也切合于现代社会的发展需求。建筑业也将着重点落到了资源小投入、效果理想化两个方面，并且将所涉技术做出了全面优化。在这样的背景下，施工单位也应当摆脱对以往管理理念的依赖，提高环保意识、强化资源运用程度，进而为建筑业的长期良好发展创造条件。

一、绿色建筑施工内涵

绿色建筑是集工程学、自然学等专业理论的现代施工项目，通过此项目的开展能够使建筑体现生态化的特点，以此为民众创造自然、优质、节能、环保的新型居住环境。"绿色"并非一般意义上的立体绿化、屋顶花园，而是对环境无害的一种标志。绿色生态建筑是指这种建筑能够在不损害生态环境的前提下，提高人们的生活质量及当代与后代的环境质量，其"绿色"的本质是物质系统的首尾相接，无废无污、高效和谐、开放式闭合性良性循环。在生态建筑中，可通过采用智能化系统来监控环境的空气、水、土的温湿度；自动通风；加湿、喷灌、监控管理三废（废水、废气、废渣）的处理等，并实现节能。绿色施工以打造绿色建筑为落脚点，不仅仅局限于绿色建筑的性能要求，更侧重于过程控制。没有绿色施工，建造绿色建筑就成为空谈。

二、建筑施工管理的关键因素

进度管理。进度管理属于工程发展进程中的主要管理环节，借助科学进度管理工作的开展，可以对实际施工进度与预计进度计划实现切合性创造条件。但是在工程具体发展过程中，呈现出了诸多因素，妨碍了进度管理工作的有序进行。如管理组成员工作状态被动，没能充分结合进度方案进行施工、施工技术不完善、施工效果不理想导致的环节重调整、自然条件等都在很大程度上妨碍了施工进度的标准化发展。施工单位应当基于这样的考虑，对以上因素做出有效规避，根据理想的施工进度方案，对后续施工进度做出重新规划。

质量管理。质量是施工管理工作的重中之重，所以在工程发展进程中，应当加大质量管理力度。那么在工程启动前，就应当对工程区域做出全面的实地勘测，并对所涉建材机械做出全面的质检，防止这些环节的不完善导致施工质量的不理想。不仅如此，在工程发展中，还应充分结合预前计划来进行具体操作，并且应加大质检力度，使施工问题尽早发现和尽快解决。除此之外，在工作验收环节中，也应加大对相关操作过程的重视程度，倘若遇到异常情况，就需要找到直接负责人做出修整。

三、绿色建筑施工管理措施

在市场经济全球化、科技水平不断增强的现今时期，国内经济也在稳定提升，民众的生活质量也在逐渐增强。尽管总体态势良好，但各行业也都应存在风险防控意识，注意到目前的空气质量下降问题，并且对企业本身的发展方向做出调整和再确立，建立具有长期指导意义的管理措施。在这样的背景下，建筑企业也建立了现代发展理念，那么其所实行的项目管理工作就应当从以下几点进行考虑：

对建筑施工中的能源消耗问题给予更多的关注。在工程发展进行中，就应将所建立的现代理念，落实于各个工程环节中，并对工程区域的建材设备等做出科学配置，以强化对这些物质条件的运用程度，并以体现出不随便丢弃资源，提高资源利用率的态势。那么在具体行动中，就应当结合工程要求来购置相应的建材，并对具有节能环保性能的建材进行优先选用，还应当以规律性的时间对所引入的设备进行整体管护，在为其持续保持最佳状态创造条件的同时，也为其稳定运用提供保障，并降低污染物的产生量。除此之外，还需重点强调的是，在工程环节结束后，应当在第一时间停止设备的运转，防止电能的大量损耗。

　　加强建筑施工过程中的污染管制。一是泥浆问题。很多建筑工程在发展中都会涉及开挖环节，而产生大量的泥浆。如果这些堆放的泥浆不能在第一时间得到妥善清除，就可能会有污染水源的不良后果。针对这样的情况，具体可以考虑以下两点：其一在开挖环节结束后，尽快采取有效措施将这些泥浆进行固化处理；其二是将泥浆填入工程区域的低挖处，并且在交通工具在现场往来时，应将车身的泥浆清除，以防对城区表面造成污染。二是扬尘问题。扬尘属于工程现场中的常见现象，特别是在雨少的环境中，扬尘现象会更频繁。倘若再出现暴风，就必然会导致工程现场的尘暴问题。防控此问题的重点措施就是经常对所产生的尘土进行清除，之后在第一时间进行洒水，也就是说借助水的吸附作用来缓解扬尘现象。三是水污染问题。从水污染问题重点因素上来分析，具体有以下两个方面：人为因素和自然因素。前者重点是生产线废弃物的大量排放，为图一时便利，很多企业负责人往往都会将生产线所产生的废弃物施入河水中，导致明显的污染问题。后者是由于工程现场后期的清理环节不彻底而剩存一些废弃物，之后在降雨环境中，这些废弃物就都会顺着水流进入河水中，导致严重的污染问题。针对前一种情况，需由当地政府部门的监管工作组出力进行处理，进而来强化企业负责人的职责意识和道德品质；针对后一种情况，则应当在工程所有环节结束后，在第一时间将所有冗余杂物全部清除。

　　总而言之，绿色建筑的兴起正与国内建筑业发展需求相切合，也切合现代社会发展的潮流。结合现代建筑业的发展态势，以长远发展的思想，建立科学化的理念。然而，现阶段，国内大部分建筑工程在构建绿色建筑时，都会投入很高的技术成本，进而影响建筑企业各方面效益的提升。所以在工程发展中，就应开展绿色施工管理工作，运用现代新型节能技术，对传统施工管理模式做出优化。

第五节　绿色建筑的施工与运营管理

　　传统建筑对资源的消耗和对环境所造成的污染十分惊人，绿色建筑在社会发展的今天显得尤为重要。而如今在绿色建筑中越来越多的人认为所谓的"绿色"即为节能。显然绿色建筑与单纯的节能技术是两种独立但相互联系的概念，绿色建筑需要科学有效的施工管理，这种管理是指工程建设中保证质量、安全等基本要求的前提下，通过一定方法能最大限度地节约资源并减少对环境的负面影响，这种方法是本节探讨的重点。此外绿色建筑的运营管理技术作为绿色建筑全寿命周期中的重要阶段，其可持续发展、环境友好、节能节水与节材的管理的具体措施同样值得探讨。

面对全球建筑环境的变化，绿色建筑已经转为建筑业追求的发展目标，同时这也是一种科学发展的必然趋势。所谓的绿色建筑其本质就是对建筑本源的回归，因为建筑就自身而言本来就应是"绿色"的。毋庸置疑，科学有效的建筑施工管理除了能使建设项目在当今如此激烈的市场竞争中脱颖而出，还能减少资源的过度浪费和周边环境的污染从而满足人类对生态的要求。面对"重设计，轻运营"的问题，在绿色建筑的全寿命周期当中，以人为本、可持续发展、新技术的运营管理就显得尤为重要。

一、绿色建筑的提出与绿色施工

全球的资源短缺和环境问题早已引起了人们的广泛关注，人们发现在引起全球气候变暖的有害物质中，其中由建筑施工和运营过程中产生的高达50%，令人惊叹的还有建筑业的温室气体排放量还在以极高的速度增长。而建筑行为对环境的影响主要表现为在建筑全寿命周期内消耗自然资源和造成环境污染。在长期以来，总有"绿色""生态""节能""低碳"等词汇出现在建筑广告当中，其目的很简单，就是用以潜在购买者或居住者信服他们所负责的建筑项目，却很难找到有力的证据来支持这些词语。

2012年4月27日。财政部、住房和城乡建设部以财建〔2012〕167号印发《关于加快推动我国绿色建筑发展的实施意见》。该《意见》充分阐述绿色建筑发展的重要意义，引导我国绿色建筑的健康发展。提出绿色建筑是建筑业可持续发展的必然选择，其施工运营管理和控制是绿色建筑全寿命周期内能源管理的重要环节。所以有两个不同的概念：绿色建筑是指建筑材料尽量采用环保节能型的材料，采用先进科技设计，使建筑在使用中尽量减少对资源的消耗并减少污染物的排放。而绿色施工则有别于绿色建筑，其是指在施工过程中尽量少地产生对外界的污染和坏的影响（如噪音、污水、先污染、灰尘、对周边道路的污染、垃圾的产生等）创造一个好的施工环境还有一个处于保证安全的施工状态的同时要采用节能型的材料。

二、绿色建筑施工管理

每一个工程项目最关键的就是在于实施，而如何确保实施的顺利、高效与科学的管理是密不可分的，也是绿色建筑中最为核心的组成部分。施工管理是一个项目的灵魂，要做到最大化地保证绿色建筑施工质量和效益的同时最大限度地减小对环境的不利影响，就必须通过科学的手段和先进的技术条件。这其中科学的手段是运用绿色施工技术策略的关键，因为绿色建筑并不是一种新的建筑形式，而是与自然和谐共生的建筑。

首先对于一个建筑项目，管理的目的在于预防问题和处理问题。绿色建筑施工管理不由分说就是管理绿色建筑施工，所以管理的怎么样要看其绿色施工的几个要素。对于绿色建筑施工有五个基本要素：第一，绿色建筑施工必须是可以循环利用的。就比如市政工程中污水处理的绿色施工中，处理后的有害工业废渣和一些水泥废料就必须做到循环利用。第二，绿色建筑施工对建筑材料的使用必须在保证一定功能质量要求的同时延长其使用寿命避免不必要的浪费。第三，"变废为宝"一定是绿色施工的遵旨，将工业废料按其材质和性质分类，经过处理后变成相应的"建筑宝物"。第四，绿色建筑不允许建设时对环境有伤害。第五，对于废水、废气、废渣的排放要达到环保要求。

其次绿色建筑施工管理是针对施工中存在的问题进行矫正和偏差分析。传统建筑施工中存在的问题一样会出现在绿色施工当中，对建筑工程项目现场管理中存在的问题进行分析后，施工管理的方式也大同小异。第一，必须建立一套以项目管理为核心的绿色施工管理体制，在维护高层管理人员的地位和合法权益的同时建立全面的生产组织系统。第二，培养项目经理的科技知识能力，提高技术指导的安全储备。加强每一位员工的职业道德教育，这是确保管理顺利实行的关键。第三，明确各部门的职能范围和加强现场的一些安全管理。秩序是现场高效运行的基本前提，施工现场管理得当会节约大量的人力物力财力，并且减少工程事故的发生。第四，绿色建筑施工管理的关键是将可持续发展的理念应用在工程建设施工中，优化建筑施工与环境保护。

三、绿色建筑运营管理技术

对于绿色建筑运营管理，与一般的物业服务相比其特点是采用建筑全寿命周期的理论及分析方法，制定绿色建筑运营管理策略与目标，最大限度地节约资源(节能、节地、节水、节材)、保护环境和减少污染。还以为人们提供健康、适用和高效的生活与工作环境，应用适宜技术、高新技术，实施高效运营管理。

首先，这其中最重要的就是"以人为本"与可持续发展的运营管理。在过去相当长的时期内，人类以科学技术为手段大量地向自然环境索取不可再生的资源为满足不断增长的物质财富需要，造成了环境的严重破坏。绿色建筑的运营使用就是要改变这样的一种状况，摒弃有害环境、浪费电、浪费水、浪费材料的行为。"以人为本"的运营理念是最好的管理方式。其次，是高新技术与运营管理，在绿色建筑运营管理中应用的高新技术主要是信息技术和应用网络化协同设计与建造技术。随着信息发展特别是互联网通信技术和电子商务的发展，西方发达国家已开始将振兴建筑业、塑造顶尖建筑公司寄希望于工程项目协同建设系统对每一个工程项目提供一个网站。还有建设数字化工地，只有做到在工地现场，如在塔吊顶部、现场大门、围墙等安装视频监控系统，实现了对施工现场进行全方位的实时监控。而且绿色建筑的运营管理还有节能、节水与节材管理、环境管理、绿化管理、垃圾管理等。

四、绿色建筑施工与运营管理的创新

在实施绿色施工中，不能按照传统的施工方式进行施工，而是需要引进信息化技术，依靠动态参数进行定量、动态的管理以最少的资源投入完成工程。实现的最多应用是要在工艺技术上不断创新，比方说清水市混凝土技术、大坍落度混凝土技术等的应用。还有在绿色建筑运营管理中的数字化技术前景十分可观，在绿色建筑的智能化技术上的创新点也很多。

五、绿色建筑的发展

绿色建筑不但要遵循一般的社会伦理、规范，更应该考虑人类所必须承担的生态义务与责任。自然环境的生态能力是有限的，而且我们生存的自然生态体系是脆弱的，人不是地球的主宰相反人类应该是受地球庇护的生灵。所以建筑作为人工的一种构造物体，应该利用并有节制地改造自然，并保护自然生态的和谐，从而寻求人类的可持续发展。对于未来绿色建筑的发展，应强调因地制宜的重要性，并发展低成本、无增量成本的绿色建筑技术和产品。而在绿色建筑的施工和运营管理方面也应当毫不犹豫地发展创新，秉承科学发展观，为我国的居民创造更多绿色舒适的居住环境。

第六节　绿色建筑施工的原则、方法与措施

与传统施工技术相比，绿色建筑施工不是独立于传统的施工技术，而是符合生态与环境保护、资源与能源利用等可持续发展战略的施工技术。建筑业应该抓住当前发展绿色建筑这一机遇，推动建筑设计行业的转型升级、绿色发展。同时不断强调绿色建筑发展中因地制宜的重要性，发展低成本、无增量成本的绿色建筑技术和产品。

一、绿色建筑施工的必要性

绿色建筑可以大大降低建筑环境中的能源消费作用，从而减少能源消耗。它最大限度地节约资源、保护环境和减少污染，为人们提供健康、适用和高效的使用空间，与自

然和谐共生的建筑。建筑业覆盖和涉及的行业多，绿色建筑产业对发展低碳经济和建设两型社会起到了重要的引导和带动作用，尤其是在节水、节电、减少垃圾、节能减排、缩短施工周期、降低施工噪声和扬尘污染方面效果显著。第一，工业化住宅的建造方式可将大部分湿作业转入工厂，可以有效地减少有害气体及污水排放，降低施工粉尘及噪声污染，大大减少了施工扰民的现象，有利于环境保护。第二，工业化住宅的构件在工厂集中生产，生产用水和模板可以做到循环利用。雨污分离、节水、节电等绿色建筑的具体标准，可以做到环境水与生活用水的二次充分利用，节约资金，环保可行。因此，大力发展绿色建筑产业化是调整结构、转型升级的必然选择。它对提升建筑施工品质，杜绝质量通病，保障居住安全，提高劳动生产率，提升工程建设效率，减少施工周期，都具有积极的战略意义。

二、绿色建筑施工的原则要素

绿色建筑施工主要有四个基本要素：第一，绿色建筑施工对于材料的使用，能够起到隔音及保温的效果，同时也可增长其使用周期。使用时能达到安全、健康、环保、无毒等要求。第二，绿色建筑施工所采用的原料是工业固体废弃物，"变废为宝"，对废弃物的充分利用能够减少对资源开发过程中造成的环境污染和生态破坏。第三，在绿色建筑施工过程中，产生的"三废"（废水、废气、废渣）能够符合排放标准，达到环保的要求。第四，绿色建筑施工必须是可以循环利用的，以最少的资源消耗达到最大环保效益和经济效益。如净化污水、固化有毒有害工业废渣的水泥材料，或经资源化和高性能化后的矿渣、粉煤灰、硅灰、沸石等。

三、绿色建筑施工技术与方法

绿色建筑主要从外墙、屋面、门窗等方面提高围护结构的热阻值和密闭性，达到节约建筑物使用能耗的目的，绿色建筑施工技术就显得十分重要。第一，墙体保温施工技术。墙体保温系统的施工是墙体节能措施的关键环节。墙体的保温层通常设置在墙体的内侧或外侧。设在内侧技术措施相对简单，但保温效果不如外侧；设在外侧可节省使用面积，但黏结性差，措施不当易产生开裂、渗水、脱落、耐久性减弱等问题，造价一般也高于内设置。施工工艺一般采用抹灰、喷涂、干挂、粘贴、复合等方式。针对不同的保温材料、不同的施工方法，采用不同的施工技术措施。第二，门窗安装施工技术。门窗框和玻璃扇的传热系数及密闭性是外墙节能的关键环节之一。根据设计要求选择门窗时，要复查其抗风压性、空气渗透性、雨水渗漏性等性能指标。安装门窗框时，要反复检查框角的垂直度，在框与扇、扇与扇之间须设密封条，以防渗水、透气。在门窗框四周与墙或柱、梁、窗台等交接处，须用水泥砂浆进行严密处置，粘贴密封条或挤注密封膏时，应事先将接缝处清理干净干燥，无灰尘和污物。第三，保温屋面施工技术。屋面保温是将容重低、导热系数小、吸水率低、有一定强度的保温材料设置在防水层和屋面板之间，可选择板块状的有加气混凝土块、水泥或沥青珍珠岩板、水泥聚苯板、水泥蛭石板、聚苯乙烯板、各种轻骨料混凝土板等。第四，太阳能建筑技术。太阳能技术的采暖和供热功能，能很好地满足建筑物的日常供热需要。太阳能技术还可控制建筑物的采光，有利于建筑物的日常节能利用等。太阳能的使用对于建筑物来说，具有使用安全可靠、无污染、不消耗燃料、不受环境限制、维修维护简单、方便安装等特点，它是一项最适于建筑物绿色节能环保的应用技术。

四、搞好绿色建筑施工的措施建议

健全绿色建筑施工制度体系。健全科学全面的法规与完善的制度体系，有利于推动绿色建筑施工及其技术的发展。我国已经颁布了《绿色建筑评价标准》《绿色施工指导》《绿色建筑技术导则》等标准和文件。很多省份也都出台了适合本地区的地方施工标准，这标志着我国绿色建筑施工的评价和标识工作已经开始走向规范化，这为绿色建筑的示范、推广和奖励工作提供了有效的依据。绿色建筑施工，其关系建筑产品的全过程，而法规体系的制定，较为复杂，需要多种行业以及多种学科的协商才能够完成。要依靠政府部门的参与和引导，才能出台科学实际的法律法规，才能形成一个自上而下的强大推动力，才能引起公众的积极响应。因此，政府应努力建立健全完善的制度体系，在相关部门的不断调研和持续努力下，不断完善绿色建筑施工制度体系，为促进我国的绿色建筑施工的应用做出积极的贡献。

开展做好绿色施工技术的管理和创新。应对绿色施工评价指标进一步量化，结合实际施工技术水平与企业实际制订若干规章，逐步形成相关标准和规范，使绿色施工管理有标准可依。在实施绿色施工中，要引进信息化技术，依靠动态参数，进行定量、动态的管理，以最少的资源投入完成工程。要继承、优化、集成传统适用施工技术，总结提升传统适用技术实施绿色施工，重点推广建筑业10项新技术在民用建筑工程上的应用。对施工工艺技术的改进以实现绿色施工，如清水饰面混凝土技术，表面不抹灰、喷涂、干挂等装饰，节省资源，减少垃圾量；新材料如大坍落度混凝土的应用，可以降低工人的劳动强度，避免噪声的产生。

培育绿色建筑技术人才，开发自有技术体系，掌握核心技术。由于绿色建筑技术会对原来的规范、工艺、工法产生冲击，更环保、绿色的工艺、工法会被大量应用。第一，原有的设计、施工、验收规范和标准会被逐步淘汰。有关装配式整体结构、BIM 技术标准的规范标准规程会逐步建立起来。第二，装配式整体建筑施工中的支架、模板体系会大量减少。模板技术体系也会从现场切割拼装，变成模数化的定型模具。装配式构件的预埋技术、构件间的连接技术会得到充分发展。第三，现在随着 BIM 技术、物联网技术的迅猛发展，施工企业的技术体系和项目管理会从二维逐渐过渡到三维、四维，会极大地提高工作效率，最终会影响甚至改变工程总承包单位的管理模式。三维技术交底、建筑内外部实景模拟已经变成现实。将以往凭空的空间想象，变成眼下的真实体验。管理机构的各部门间的联系会更加紧密，各部门之间的界限会变得模糊。BIM 技术会逐步被建筑企业所掌握，并大量应用。BIM 最终会从一种技术，变成一项管理工具。所以施工企业要制订绿色建筑新技术学习培训计划（装配式整体建筑结构技术、BIM 技术、水电暖绿色应用、热量自动控制技术等）。积极培育新人才，建立企业本身的技术体系，研发绿色建筑的核心技术。

　　总之，绿色施工是在保证质量、安全等基本要求的前提下，通过科学管理和技术进步，最大限度地节约资源与减少对环境负面影响的施工活动，实现"四节一环保"（节能、节地、节水、节材和环境保护）。在发展绿色建筑施工时，国家及相关部门应加强引导，努力完善绿色建筑施工的法律法规和制度体系，提高公众的绿色建筑施工意识，建立绿色建筑施工示范工程，使绿色建筑施工得到更好的推广与应用。

第三章 绿色建筑的结构设计

第一节 绿色建材下的绿色建筑结构设计

随着我国社会经济水平的不断发展，社会环境随之改变，各行各业竞相进行理论和技术的创新，绿色建筑的结构设计工作当然也不例外。要想设计高效的绿色建筑结构，不仅要求对以往绿色建筑的设计实践进行归纳和分析，还要求结合当下国际上先进的设计理念，对建筑结构设计进行创新，从而最大限度地满足绿色、可持续发展的要求。绿色建筑的结构设计作为绿色建筑整体设计的关键环节，必然会呈现出快速发展的趋势。绿色建筑的结构设计者在遵循相关建筑规范标准的条件下，要有与时俱进的绿色理念，不断探索，创新更加绿色的建筑结构形式，打造绿色建筑结构体系。

近年来，城市雾霾等因素对人类的居住环境造成了巨大的影响，这给快速发展的现代化都市敲响了警钟，在这种背景下建筑设计者想象了城市建筑未来的发展方向，从而提出了绿色建筑的概念。

一、绿色建筑结构设计中的基本原则

根据城市建设的实际需要，土木行业对绿色建筑设计的理念发生了巨大变化，建筑结构设计的形式变得越来越多。近年来，随着绿色建筑结构概念的提出，其可供选择的形式也开始丰富起来，这意味着绿色建筑结构的设计正走向成熟。绿色建筑结构总体设计要遵循诸多原则，比如结构整体性、合理适中性、尊重自然等。

结构整体性原则。绿色建筑在设计之初就应该把自身定位成开放系统，与外部环境构成整体，以最大限度地追求环境效益，局部结构设计应当服从整体结构设计，施工上的难度应当服从长远能耗收益。在绿色建筑结构的选择中，土木设计师要把综合考虑整个建筑的设计，结构设计应当与建筑整体效果相适应。很多建筑作品在这方面做得非常好。比如绿色建筑招商局的南海意酷项目，屋顶结构高度适应拔风目标；又如夏昌世教授设计的华南理工大学图书馆，夏式遮阳完美符合窗休附近的结构等。

合理适中原则。绿色建筑结构设计不能忽视传统建筑设计中的合理适中原则。这个原则不仅体现在结构体系的合理上，还体现在经济成本的适中上。当结构设计的体系富余度过大时，相应地就会增加建设成本，从而引发对建筑资源的浪费；当结构设计的体系富余度偏小时，相应地就会增加后期使用过程中的能耗。所以合理适中的结构既保障了建筑结构的安全，也减少了对建筑资源的浪费，尤其是对自然较为依赖的资源。

尊重自然原则。绿色建筑最显著的优势就是与周边环境的和谐性，二者之间高度的融合统一。绿色建筑结构设计中会把自然、生态的考量放在重要的位置，改变传统建筑设计中以自我为中心的错误意识。绿色建筑结构设计中每个环节都会尽量地做到与外部环境之间相和谐，建筑材料本身源自自然，所以优秀的建筑结构设计必然会回归自然，这也是第三代建筑理念的核心内容。

二、基于结构选型及结构设计的绿色建筑结构设计

建筑结构的选型。绿色建筑结构选型应该处在绿色建筑整体设计中更加关键的位置，以确保建筑在自然共生构想下的可持续建造性。据调查，相对于传统建造体系而言，基于绿色设计理念的结构选型可以减轻建筑活动对周边环境的负担，并且在建筑维护中有着非常积极的意义。合理的结构选型有助于高效环保节能体系的构建，为建筑提供"绿色的框架"。

选择绿色的建材。绿色建材是建筑结构各项设计目标得以实现的物质基础，绿色建材的种类很大程度上决定了该建筑的"绿色化"程度。相同的建筑结构类型，使用绿色建材的方案必定会产生更加高效的"绿色"效果。绿色建材可以保障建筑运营中可持续的潜力。此外，绿色化的构成单元可代替性非常强，当建筑结构出现问题的时候，绿色建材可以进行及时便捷的替换。这样的特性有利于延长建筑的使用年限，同时降低建筑维修维护的频率及成本。

合理选择绿色建筑节能技术。首先，对自然风的应用。绿色节能建筑过程中，若想满足居民的温度环境需求，就应该对自然风加以充分利用，依照不同季节风速与风向对建筑物进行合理规划，同时有效控制楼房间距，以此有效地控制自然风在设计绿色建筑过程中改变风向，尽可能地增加自然风在夏季的流通面积与流量，避免建筑受冬季自然风的直吹。其次，保温设计的巧妙应用。随着近些年建筑外墙保温技术的迅猛发展，使得建筑保温设计也开始向绿色建筑设计方面发展。在高层住宅中，一般会在楼房屋面、外墙、结构柱以及主墙等环节应用保温技术，由此既能够使房子冬暖夏凉，同时使用保温设计也可以减少空调的使用，从而实现能源节约的目的。再次，阳台设计。对绿色建筑阳台进行

设计过程中，通常会选择不仅可以扩充高层建筑面积，还可以将遮阳区域提供给高层住宅的挑出式阳台。该阳台设计一方面可实现资源节约目的，另一方面还可充分发挥出其生态系统和建筑相平衡的重要作用。最后，节能窗设计。随着建筑物高度的增高，建筑物所受风力及气压也在增大，而建筑门窗是最薄弱的区域，极易受大气压与大风的影响。所以，绿色建筑设计通常会对高层住宅门窗有较高要求，要求节能窗具有隔音、防风、抗压、装饰、透光等功能；同时，安装节能窗，不仅可以有效降低能耗，也有效避免了光污染，同时将噪声拒之室外。

绿色性钢结构的开发。钢结构拥有诸多优良的特点，是绿色建筑对材料的首要选择。其优异的抗震、力学性能使得其可以减少塑性变形的耗能。此外，钢结构建筑还具备重量轻、建设工期短、安装简单、易拆除、可重复利用等优点，高度符合绿色建筑的要求，是目前绿色建筑结构中使用的最佳形式。所以，相关研究人员、学者应当加强这方面的研究。

开发更加先进的绿色结构建筑制图软件。近几年来，计算机技术的进步可谓是突飞猛进，极大地满足了各行各业对分析处理的需求。绿色建筑对结构计算的要求非常复杂，传统的结构设计理论以及设计软件往往达不到设计的要求，这就引发了对新型建筑结构设计软件的需求。绿色建筑结构的力学模型极其复杂，很难完全把握结构构件的应用力学情况，这种情况导致了设计中很难精确地对绿色建筑结构目标进行效果分析。相关研究人员、学者应当加强这方面的研究，开发更加先进的绿色结构建筑制图软件。

随着城市雾霾等城市环境危机的加剧以及绿色理念的蓬勃兴起，绿色建筑理念作为第三代的建筑思潮开始在行业内受到广泛的关注。绿色建筑指的并不是单纯地通过建筑内外部绿色植物的种植来完成的，它是一种节能的建筑设计理念。作为整个建筑工程设计的关键部分，建筑结构设计的过程必须采用绿色的设计理念。笔者以绿色建筑结构设计为中心，围绕结构选型、结构设计、绿色建材进行了分析和探讨，以为绿色建筑结构设计的发展及创新提供相关参考资料。

第二节　绿色建筑结构选型和结构体系

每一栋独立的房屋都是由各种不同的构件有规律的按序组成的，这些构件从其承受外力和所起作用上看，可以分为结构构件和非结构构件。

一、房屋基本构件的组成

结构构件。起支撑作用的受力构件，如板、梁、墙、柱。这些受力构件的有序结合可以组成不同的结构受力体系，如框架、剪力墙、框架剪力墙等，用来承担各种不同的竖向、水平荷载以及产生各种作用。

非结构构件。对房屋主体不起支撑作用的自承重构件，如轻隔墙、幕墙、吊顶、内装饰构件等。这些构件也可以自成体系和自承重，但一般条件下均视其为外荷载作用在主体结构上。上述构件的合理选择和使用对节约材料至关重要，因为在不同的结构类型和结构体系中有不同的特质和性能。在房屋节材工作中需特别做好"结构类型"和"结构体系"的选择。

二、建筑结构不同材料组成的"结构类型"

砌体结构。其材料主要有：砖砌块、石体砌块、陶粒砌块以及各种工业废料制作的砌块等。建筑结构中所采用的砖一般指黏土砖。黏土砖以黏土为主原料，经混料处理、成型、干燥和焙烧制成。黏土砖按其生产工艺可分为机制砖和手工砖；按其构造的不同又可分为实心砖、多孔砖、空心砖。砖块不能直接用于形成墙体或其他构件，必须将砖和砂浆砌筑成整体的砖砌体，才能形成墙体或其他结构。

砖砌体是目前我国应用最广的建筑材料。和砖类似，石材也必须用砂浆砌筑成石砌体，形成石砌体或石结构。石材易于就地取材，在产石地采用石砌体较为经济，应用广泛。砌体结构能就地取材、价格低廉、施工比较简便。这种结构强度比较低，自重大、比较笨重，建造的建筑空间和高度都受一定的限制。

木结构。其材料主要有各种天然和人造的木质材料。这种结构，结构简便、自重较轻、建筑造型和可塑性较大，在我国有着传统的应用优势。这种结构，需要耗费大量可贵的天然木材，材料强度也比较低，防火性能较差，建造的建筑空间和高度都受到很大限制。

虽然天然林是生物多样化的宝库而需要特别保护，但是对许多人工经营的森林，必须以木造建筑市场来促进其可持续经营。

贮存效果。木构造建筑在居住环境上也有很大的好处。例如原木所具有的自然纹理、柔和色泽、冬暖夏凉的亲和力是其他建材所无法取代的，同时木材有充分的毛细孔，有良好的调湿作用，对人体健康有益。木构造无污染，是回收率最高的建材，其生命周期长。木造建筑是最环保的生态建筑。

提倡轻钢构木造住宅。对于大型公共建筑所推荐的木造建筑，是以原木或集成材结构来兴建的体育馆、礼堂、美术馆、文化中心等大跨距建筑，是结合金属联结构件的现代木质构造建筑，其重点乃在于展现温馨、自然、健康、人文的木构造建筑文化。

钢筋混凝土结构。钢筋混凝土结构材料主要有砂、石、水泥、钢材和各种添加剂。"混凝土"是用水泥作胶凝材料，以砂、石子做骨料与水按一定比例混合，经搅拌、成型、养护而得的水泥混凝土，在混凝土中配置钢筋形成钢筋混凝土构件。

这种结构的优点是，材料的主要成分可以就地取材，混合材料中级配合理，结构整体强度和延展性都比较高，其创造的建筑空间和高度都比较大，也比较灵活，造价适中，施工比较简便。这是当前我国建筑领域里采用的主导建筑类型，这种结构的缺点是：结构自重相对砌体结构虽然有所改进，但还是相对偏大，结构自身的回收率比较低。

钢结构。钢结构材料主要为各种性能和形状的钢材。这种结构的优点是：结构轻、强度高，能够创造很大的建筑空间和高度，整体结构也有很高的强度和延伸性。在现有环境下，符合大规模工业化生产的需要，施工快捷方便，结构自身的回收率也很高，这种体系在我国是发展的方向。这种结构的不足是：在当前条件下造价相对比较高，工业化施工水平也有比较高的要求。

三、支撑整个房屋的"结构体系"

结构体系是指支撑整个建筑的受力系统。这个系统是由一些受力性能不同的结构基本构件有序组成，如板、梁、墙、柱。这些基本构件可以采用同一类或不同类别（组合结构）的材料，但同一类型构件在受力性能上都发挥着同样的作用。

抗侧力体系。抗侧力体系是指在垂直和水平荷载作用下主体结构的受力系统，以受力系统为准则来区别。

平面楼盖。平面楼盖主要是把垂直和水平荷载传递到抗侧力结构上去，其主要类型按截面形式、施工技术等可以分成以下类型：实心楼板，包括楼板和无平板。这是我国采用的常规楼板结构类型，比较简便，跨度适中，但其用材多、自重大。空心楼板，包括预制和现浇空心楼板。预制空心楼板的工业化程度高，但跨度较小。现浇空心楼板施工相对比较复杂一点，但其自重轻、跨度较大。预应力空楼板：分为预应力技术的预制楼板和现浇空心楼板。和同类非预应力楼板相比，这种楼板自重更轻、跨度更大。由于采用预应力技术和空心技术，楼板结构更轻，跨度更大，节约材料的效果显著。

建筑基础。在主体结构中，楼板将荷载传递至抗侧力结构，抗侧力结构再传递至基础，通过基础传递至地基。房屋基础起到了承上启下的关键作用。

独立柱基和条形基础：可由灰土、砌体、混凝土等材料组成。主要应用于上部荷载较小的中低层房屋基础。其施工简便、造价低廉，但承载能力和抗变形能力有限。

筏板基础：由钢筋混凝土基础梁板组成的筏板体系。承载能力和防水能力都比较高，在高层建筑里应用较多。

箱形基础：由钢筋混凝土墙板组成的箱形体系。基础整体性较好，承载能力强、变形较小，防水性能也好，在高层建筑和荷载分布不均、地基比较复杂的工程中应用较多。

桩基础：条形、筏板、箱形基础的荷载通过支撑在其下面的桩传至地基的受力机制。桩可以由各种材料组成，如灰土、沙石、钢筋混凝土、钢材等。这种基础承载能力很高，基础变形很小，可广泛应用于高层、超高层、大跨度建筑，还可用于地基复杂、荷载悬殊的特殊条件下的工程，但成本较高，施工复杂。

总之，在确定房屋的结构类型和体系时，充分考虑技术进步和发展的影响，优先选择那些轻质、高强、多功能的优质类型和体系。每栋房屋的具体环境和条件非常重要，节材工作要遵循因地制宜、就地取材、精心比较的原则。

第三节　绿色智能建筑集成系统的体系结构

一、我国建筑节能的目标

人类建筑活动是对自然环境和资源影响最大的活动之一。特别是随着社会经济的发展和人口的快速增长。房屋建筑、商用建筑等需求的不断增加，建筑工地垃圾，木材和能源的使用不仅大大地消耗着我们的资源，而且影响着大自然的生态环境，自 20 世纪以来，建筑方面的消耗占世界能源消耗总量的一半以上。因此，在全球能源危机，绿浪和节能等环保观念的影响下，建筑节能是重中之重也是当务之急。在 1992 年的联合国环境与发展会议上，绿色建筑的概念首先被明确提出，并逐步发展成为一个结合舒适、健康和环境的建筑节能的研究系统。其得到了广泛的推广与应用，如今已成为世界建筑发展的主流方向，并在发达国家取得了良好的效果。中国也非常重视绿色建筑的推广和实践，并呼吁全体社会成员通过制定相应的支持和激励政策参与绿色建筑活动。根据国家的有关政策，中国建筑节能的目标基本上需要通过两个步骤来实现。建筑节能目标的第一阶段：从 2005 年到 2010 年，建筑节能和绿色建筑全面启动 50 个平均节能率沿海地区和主要城市需要在此基础上达到更高的标准。建筑节能第二阶段：从 2010 年到 2020 年，建筑节能标准应进一步提高，实现平均节能 65%。节能率约为 75%。

　　作为信息时代产品的绿色建筑和智能建筑逐渐意识到资源浪费、环境污染和温室气体排放等问题，而地球的自然生态环境日益恶化。同时，信息技术的不断创新和快速发展也为节约能源、保护环境、减少排放、实现新能源应用提供了新的技术手段。因此，来自世界各地的许多新的提议，如建筑领域提出的绿色建筑和智能建筑的概念，都是保存和保护我们生活的地球的绝佳解决方案。绿色智能建筑完全体现了人体建筑技术与智能技术的完美结合，将现代绿色建筑的基本要素与智能建筑技术相结合。

二、智能建筑信息集成系统架构

　　基于三层架构（应用和表示层、数据处理层、数据访问层），智能建筑信息集成系统应用表示层、业务逻辑层和数据存储层，从底部到顶部它可以细分为五个级别。

三、智能建筑信息集成系统在节能方面的体现

　　智能建筑信息集成系统在节能中的体现。绿色环保、节能减排的概念近年来逐步实施，因此使用清洁能源，延长设备的使用寿命，可以适当地合理分配能源和减少人类消费。建议建筑信息集成系统从环保节能的角度出发，基于监控阈值并行设备的传统简单联动调度外，还需要体现以下几个方面：

　　基于各种模型和算法的分析结果进行调度。即基于一个或多个切换量或模拟量的简单模式改变，改变设备启动 / 停止控制模式，以及多个子模式即使在分析外部系统信息之后，系统间集成组合数据分析也执行一系列设备调度以实现全面分析。例如，除了温度控制检测目标之外，空调系统还通过结合天气条件、季节变化、建筑面积、室内居住者信息等控制阻尼器开度和空调出口温度设置来执行不同的操作。选择一个型号。努力提高室温和通风舒适度，同时通过参数、新风流等系统和设备提高系统运行的能效比，合理部署。例如，在商业建筑情况下，通过组合各种检测技术，如 RFID 识别和传感器识别，根据室内会议室的无人区域的信息，通过与资产管理系统相关的会议安排风扇可以自动启动和停止，切换照明模式和打开和关闭，以避免浪费能源。

　　智能设备运行管理。优越的设备信息集成系统有效地进行在线设备检测，结合设备和运行特点，合理扩展设备维护，运行时间和运行负荷，保持最佳运行方式和设备状态从设备生命周期的角度，减少维护工作量，减少设备损失，延长设备寿命和减少人员的劳动强度，它被认为是节能减排的　种形式。

四、系统集成是绿色智能建筑的关键技术

绿色智能建筑的系统集成意味着所有子系统通过充分利用各种子系统和技术的特点，集成设计来协同工作，相互限制并相互联系。并且为了弥补这些缺点，使得建筑物之间的建筑成本和舒适度达到最佳，同时减少系统投资，显著降低建筑能耗。系统集成技术的集成最大化了绿色智能建筑的智能技术和绿色技术的优势，是绿色智能建筑的关键技术和核心。

总而言之，绿色建筑与智能建筑的融合是社会经济和科技发展的必然趋势，必将成为建筑业发展的重要主题。

绿色智能建筑完全体现了人体建筑技术与智能技术的完美结合，现代绿色建筑的基本要素与智能建筑技术的结合。本节讨论了绿色智能建筑集成系统的体系结构，绿色智能建筑系统集成的模式，各种系统集成模式的比较以及物联网核心技术在绿色智能建筑集成系统上的应用等。

第四节　生态环保与绿色建筑结构设计

随着时代的发展，绿色环保观念被越来越多的人认可，也融入到了更加广阔的社会行业中，在建筑项目施工的过程中，绿色环保理念迎合了时代发展的大背景。本节针对如何将生态环保理念融入绿色建筑结构设计进行探讨，力求建立完善的体系。

一、绿色建筑设计的意义

随着社会经济的不断发展，我国对各行业可持续发展的重视也在不断提高。建筑行业作为建筑规模较大、使用资源较多的一个重点行业，必须要积极响应国家制订的节能环保政策理念，然后在建设过程中通过应用绿色建筑设计理念，促进我国社会经济的可持续发展。对于绿色建筑设计而言，必须得到相关主管部门的相应支持，这样能使其在市场竞争中占据更多的经济优势，从而增加建筑行业的整体经济效益，帮助提高建筑施工企业的社会知名度，有效地降低施工工程的整体成本投入。同时，通过不断扩大绿色建筑设计范围，提高生态发展建设的效果，为我国的生态经济做出重要贡献。

因此，对于绿色生态建筑结构设计在实际的应用过程中具有非常重要的意义，不仅能与可持续发展战略建设形成一致性，还能真正提高市场竞争的整体水平，同时通过不

断优化各项绿色建筑设计方法，提高施工成本的控制效果，降低经济成本。

二、绿色生态建筑的设计原则

和谐原则。绿色建筑生态经济性设计原则中，必须要满足人们对建筑功能的需求，还要与社会自然和谐发展的原则相统一。对建筑工程进行绿色结构设计，不仅能使人们的日常生活质量得到提升，还能满足人们健康、舒适的生活要求，所以必须要充分考虑人与自然和谐发展的基本原则。

适地原则。在绿色建筑的生态节能设计上，还需对适地原则进行有效遵循，从而使建筑工程设计更加符合社会经济发展的要求。因此，在建筑工程自然条件的设计过程中，要充分考虑实际施工场地的不同要求，拿出相应的施工环境设计要求，真正达到绿色建筑的节能设计水平。

经济原则。对绿色建筑生态节能进行设计，主要是有效地保证对社会资源的过度消耗，从而达到能源节约的目的，切实提高社会资源的利用率，降低对生态环境的污染，这也非常符合我国目前制订的发展战略要求。

高效原则。绿色建筑结构设计与传统的建筑结构设计相比，其在各方面的效率上都有非常大的提升。绿色建筑设计不仅能保证建筑施工质量，还能为人们提供一个环保、舒适的居住环境。通过在设计中应用的绿色科学技术，提高施工效率与整体经济性，真正对我国未来建筑行业的发展提供有效保障。

三、基于生态经济的绿色建筑结构设计方法

生态环保理念在绿色建筑选材中的渗透。在建筑结构设计过程中，对整个建筑工程的选材工作来说其具有非常重要的意义，正确的材料选择能增加建筑工程的寿命与质量。因此，在绿色建筑材料选择时，必须结合整个建筑施工实际情况进行综合选择，从而达到提升建筑工程质量与寿命的作用。

随着我国社会经济的快速发展，建筑材料厂商都为了能满足国家的要求进行相应的材料质量提升，并且对材料的成本都进行了下调，并且很多厂商为了降低运输成本，还在各地进行分厂的建立，从而使建筑企业对建筑材料的选择性得到加强。

在实际施工过程中，很多施工企业为方便进行施工，混凝土的搅拌都是现场完成的，这样虽然提高了施工的效率，但是很容易对生态环境造成破坏，不仅污染了大量的水资源，还会产生严重的粉尘。因此，在绿色建筑施工时，必须要加强对施工材料的制拌设计，从而缓解现场制拌混凝土造成的对环境污染问题的发生。

构建生态环保性建设方案，减少施工能耗。在绿色建筑设计时，很多设计人员都将建筑工程项目外部美观及使用寿命作为考虑的重要选项，但是对建筑工程的生态经济造价问题不够重视。因此，在绿色建筑结构设计时，要对建筑项目进行认真分析，从而降低施工能耗标准，如可在建筑工程中加大对部分可再生能源的利用，这样可节省大量减少成本投入，还能起到一定的环境保护作用。通过将生态环保理念的融合，使得建筑工程结构在设计上更具有经济性，不仅满足了整个建筑工程的各项要求，还能降低建筑成本投入，使其符合我国可持续发展战略需求。

绿色建筑结构中的景观设计。在绿色建筑结构设计时，对于建筑景观设计也是一个新型设计理念。通过加强绿色房屋建筑结构设计中的景观设计，从而使人们能感受到建筑融入周围环境中，真正增加了房屋建筑的居住舒适性。所以，需设计人员对当地的气候环境、地理位置等进行了解，然后在设计时才能让房屋建筑与周围环境保持协调，确保在房建结构设计时，针对整个建筑生态经济性要求进行相应考虑，从而更好地融合房屋建筑外观与周围环境。通过在房建设计中增加绿色景观，改善房屋居住环境，降低对土地资源的浪费，保证绿色生态经济的持续发展。此外，要根据房屋建筑绿色设计的标准对整体环境进行有效的控制与优化，以精准设计来避免各种资源不平衡问题的发生，真正地提高房屋建筑工程的绿色结构设计的有效性。

以项目使用寿命为前提，最大化地降低使用及维修成本。基于生态经济的绿色建筑结构在设计过程中，必须要重点关注整个房屋建筑项目的使用年限与后期维修成本情况。因为建筑项目的使用寿命是保证建筑使用性能稳定性的重要条件。

如果对建筑使用寿命的设计年限较长，那么后期项目的维修与重建也需要花费更多资源及资金进行支持，并且对整个房屋建筑项目进行维修时，还会产生一些城市建筑垃圾，这会对整个生态环境产生一定的破坏。

为此，必须要在项目设计时增加项目的使用年限，降低后期的维修频率，这样不仅能有效地节约资源，还能减少建筑垃圾的对环境产生的污染。

此外，为能充分地体现生态经济的发展理念，设计人员还要尽可能地提高建筑工程的可改变性，实现在建筑结构自身可负载能力范围内进行适当的变化设计，从而有效降低项目使用中的后续维修成本。

总之，随着社会经济的不断发展，我国建筑工程规模的不断增加，未来能降低施工中对能源问题的消耗，在建筑施工时进行绿色结构设计，不仅能提高施工质量，同时还能减少大量的资源浪费，对社会资源的优化配置有着非常重要的作用。

第五节 绿色建筑节能设计中的围护结构保温技术

绿色建筑是当前世界建筑业发展的趋势。统计样本数据显示，通过《绿色建筑评价标准》认证的建筑中，绿色技术和产品应用数量频率最多的为节能方面。其中，围护结构保温技术在所有项目中均有使用。本节主要从墙体、屋面外窗三方面系统阐述围护结构保温技术的主要形式、内容及应用。

全世界范围内环境污染现象层出不穷，建筑绿色可持续发展的重要性逐渐得到重视。20 世纪 90 年代，绿色建筑概念引出中国。

我国现在城镇化发展增速，建筑业推动着经济的发展，改善着人民的生活，但与此同时，建筑生产活动带来的环境污染与能源消耗问题也是巨大的。数据显示，当下建筑能耗约占总能耗的 30% ~ 40%。我国现有建筑及每年新建建筑大多为高能耗建筑。我国大部分采暖地区外围护结构保温隔热性能相比气候相近的发达国家较差，建筑节能状况落后，应用围护结构保温技术是我国发展绿色节能建筑的关键。

一、外墙保温技术

由于建筑外墙大面积直接面向外部环境，其热损失占据建筑物总能量损失绝大部分，因此有效减少建筑外部环境对内部环境的影响，保证室内温度趋于稳定的关键就是对墙体进行节能优化，应用外墙保温节能技术。

外墙保温做法。从保温材料的敷设位置可以分为外墙内保温和外墙外保温两种形式。

内保温技术。即保温材料敷设在外围护结构墙体内侧。优点在于对温材料自身耐候性和防水性要求低，不影响对墙体外饰面材料的选取与施工。缺点在于外墙楼板处由于无法敷设保温材料会形成冷桥，影响室内装修并减少内部使用面积，不利于后期修复。

外保温技术。即保温材料敷设在外围护结构墙体外侧。优点在于可保护外围护结构减少受到外环境的损害；对维护结构包裹完整，有效减少冷桥产生，冷凝问题得到控制；利于室内装修。缺点在于室外作业不易于施工，保温材料选取需考虑外饰面材料与结构构造。

外保温技术的保温隔热性较好，使得建筑整体性较高，项目中多采用墙体外保温技术。外保温技术类型包括外挂式外墙保温技术、EPS\XPS 板抹灰施工技术、聚苯板和墙体一次性浇灌技术。

新型墙体材料结构类型。混凝土作为多数建筑主要材料,保温性能不足。新型墙体材料具有质地轻、强度高、保温、节能、节土、装饰性强等优良特性。有空心黏土砖、混凝土制品、煤矸石烧结制品、粉煤灰制品、自保温砌块等。

二、屋面保温技术

建筑屋面的保温隔热措施对改善室内热环境和节约建筑能耗具有重要意义。室内由于冷气下降,热气上升,最终作用在屋面上,室外屋面也是建筑外围护结构承受温度最高的地方。屋面存在结构热阻不够和产生热桥问题,所以建筑屋面的构造形式及保温隔热材料性质是节能的关键。

倒置式屋面技术。倒置式屋面常应用于平屋顶建筑中,即在屋面构造中将保温层置于防水层上部,同时在保温层上部铺设砾石或混凝土砌块。相对于将保温层置于防水层之下的传统做法,可以保护防水层延长其使用期限;利于保温层和下部找平层内的水分和蒸汽排除,防止保温层吸水降低保温效果,保温材料需满足吸水率低。

高反射率饰面技术(冷屋顶)。节能降温涂料可避免太阳光的热量在物体表面累积升温并自动辐射热量散热降温,有效降低物体表面温度。其中高反射颜填料可反射太阳光中95%的可见光和90%的红外线,总反射率达89%,远高于市场同类产品。

种植屋面。大量硬质铺装会引发环境问题。种植屋面,夏季可作为隔热层,冬季起到保温层的作用,均在一定程度上减少建筑能耗。种植屋面分为覆土栽培屋面和无土栽培屋面。覆土种植屋面是在屋顶上铺100mm左右厚的覆土,其上种植绿化植物,因此会增加屋顶结构荷载,造价提升。无土种植屋面指铺盖硅石、营养锯末等材料,具有质轻、松散、透水性好的优点。对于保温隔热效果,无土种植屋面要优于覆土种植屋面。另外,研究发现叶片面积较大,基质层厚度增加,基质层含湿量增加均可增强种植屋面的保温隔热性能。

吸湿被动蒸发隔热屋面。吸湿被动式蒸发隔热屋面是利用吸潮剂和释放吸潮湿的空气,利用液气相变储水,实现储热功能,通常采用膨胀珍珠岩作为吸潮剂,具有吸湿性能好、经济、保温隔热能力强等优点。

蓄水屋面。水具有良好的隔热性,蓄水屋面即在屋面蓄积一定厚度水层来吸收太阳辐射热,降低屋面及室内温度,屋面水深以20cm为宜,屋面坡度不宜超过5%。蓄水屋面可有效降低2℃~5℃,具有简单、经济、环保的优点。缺点为夜间难散热,屋面荷载增加,增大屋面渗漏可能性,水质易恶化。

架空隔热屋面。架空屋面即在屋面防水层上采用薄型制品架设一定高度的空间,起到隔热作用。薄型制品一般采用钢筋混凝土薄板，支设方法一般采用半块黏土砖砌砖墩，适宜于通风较好的平屋顶，不适用于寒冷地区。

三、节能外窗技术

外窗能源消耗占据建筑的 1/5。外窗保温隔热效果受当地气候、窗墙比、窗框及玻璃材料选择的影响。

外窗节能方式可以通过改善玻璃材料实现。

改变玻璃材质：玻璃中加入化学元素改变其颜色，可削弱部分阳光热量，适用于光照强的气候炎热地区。

玻璃表面镀膜：应用最多的是热反射玻璃和低辐射玻璃。热反射镀膜玻璃，可有效降低玻璃的遮阳系数，反射率高，热反射玻璃在幕墙上应用广泛；低辐射镀膜（Low-E玻璃），采光性能好，热加工及化学性能稳定，具有成本低、生产效率高的优势。

高性能中空玻璃：由两层或多层普通玻璃构成，中间填入干燥空气或惰性气体，四周用高气密性黏结剂密封。可以拦截太阳辐射到室内的部分能量，避免引起目眩，节能效果优良。

真空玻璃：保温隔热。同时，可有效地减少空调电耗，减少温室气体排放，防止结露，有效隔声降噪，并且应用不受海拔限制。

外窗节能方式还可以通过窗框材料的选择来实现。

铝合金窗框：应用广泛，具有轻便、加工性能良好、耐用性强的优点。由于铝合金热导性好，寒冷地区铝合金窗框快速传递低温，与热空气凝结成水，可采用断热型材解决此问题。

复合材料窗框：保温隔热性能优良、耐腐蚀、强度高。一般面材采用金属合金，基材为塑料，内框为实木。

木制窗框：保温隔热性能十分优良，用药水浸泡、表面刷防受潮物质方式解决其易腐蚀、虫蛀的问题。

加设遮阳设施。遮阳系数为影响外围结构保温隔热性的最大因素，建筑遮阳可以改善室内光热环境质量，降低空调能耗。遮阳组件材料种类较多，包括混凝土、木材、金属材料等多种材料。遮阳技术有双层立面、智能玻璃幕墙、自动遮阳组件等。

外窗节能方式，还可以通过改变窗户开启方式选择。

推拉式：采光性能好，通风性能不足，密封性差，保温隔热性能一般。

平开式：通风性采光性密封性良好，内开清洁方便占用空间，外开相反。

上悬式：保温隔热效果最佳，通风性一般，打开尺度小。

就节能效果而言平开窗和固定窗都属于节能建筑外窗的范围，固定窗的保温效果要优于平开窗。新型外窗结合推拉和平开两种方式，效果最佳。

合理设计窗墙比。在满足通风和光照的前提下，窗墙比越小保温隔热的效果越好，节能效果越佳。控制窗墙比设置保温窗帘和窗板更为有效。窗墙比应根据规范并结合当地情况进行适当调整。

建筑节能是绿色建筑的基础，建筑节能设计，要根据用户需求，结合当地气候特征、经济现状、文化传统，充分利用可再生资源、新兴材料、新兴构造方式、新兴施工建造技术以及合理的设计手法，构筑宜人的室内环境与和谐的室外环境，尽量把能耗、污染实现最小化。

第六节　绿色建筑的高层剪力墙结构优化设计

我国社会经济的快速发展，建筑行业也得到了迅猛的发展。但由于我国人口众多、土地资源有限，还有对资源节约型、环境友好型社会的建设需要，越来越多的绿色高层建筑成为主要的建设类型，也成为当代城市最为常见的建筑类型。同时对其施工质量以及绿色环保的要求也在不断地提升，特别是剪力墙结构优化设计能够有效地提升高层建筑的安全性和质量。本节主要对绿色建筑的高层剪力墙结构的优化设计进行研究。

剪力墙结构作为多种建筑墙体结构设计中较为常用的设计方式，其主要是将具有良好的牢固性以及凝固性的混凝土与钢筋结构作为基础内容，对建筑底层所进行的设计，此外还在建筑的上层设计了多层砌体结构。而在此结构中，上层多层砌体结构的设计施工也是整体环节中最为关键的内容，同时还需要确保其绿色环保型，这样才能促进建筑企业的可持续发展。

一、绿色建设和剪力墙结构的概念

绿色建筑的概念。绿色建筑，其实就是说在建筑施工使用的期限内，尽量避免其对资源和生态环境产生较大的压力，从能源开始，实现对土地、水电以及材料的节约，这样在保证污染减小的同时，就能够实现促进生态环境可持续发展的根本目的。在此基础上，还能够满足人们对居住需求的不断提升，实现和自然生态环境的和谐相处，因此这些建筑物也就被叫作"绿色建筑"。其中，"绿色"的理念不仅要对绿色植被量需求的增加，还要保证环境无害，并主要将生态友好以及环境节约型的建筑理念得到充分发挥。为了促进我国资源等的可持续发展，我国也在重视绿色建筑行业的发展和进步。

剪力墙的概念。剪力墙结构其实从本质上来说就是钢筋混凝土墙板结构，由于其具有较高的强度，因此利用这种墙体结构将传统的梁柱的框架结构进行替代，则在有效的承受多种荷载内力的情况下，还能够实现对结构水平力的有效控制。所以这种结构也较多地应用在了需要减少负荷和自重的高层建筑中。剪力墙截面的主要特点表现为：墙体的肢长与其厚度远高于其承载能力，同时刚度的平面比较小，承载能力与刚度差异则大。而剪力墙结构在其设计过程中，剪力墙的平面上，其还会受到剪力与弯矩的作用。剪力墙在风荷载以及地震的作用下要求，一方面要提升其刚度，另一方面还要是其非弹性变形的重复效应以及耗能、延性等要求得到满足，同时还需要有效控制其结构，保证高层建筑的质量。

二、高层剪力墙结构设计的基本原则

较多使用普通的剪力墙。在优化高层剪力墙结构的过程中，应该尽可能地应用普通的剪力墙，从而降低短肢剪力墙与小墙肢的数量，设计中要将结构竖向与水平向的刚度以及承载力进行合理的分布，这样能够保证剪力墙的墙肢截面要高于规范要求的8倍墙厚。同时，还要依照建筑平面的实际使用功能，将其设置为"L"形、"T"形的剪力墙，这样在提升其结构稳定性的同时，就能使其形成良好的侧向刚度。

合理设置剪力墙的数量与刚度。剪力墙作为抗震设防的首要防线，剪力墙的刚度则是建筑物整体抗震的关键部分，合理的刚度可以保证建筑的稳定性，从而对地震的水平力作用产生抵抗力，避免建筑出现严重的水平位移与振动。这就要求，对于结构的剪重比要有效地进行控制，还要尽量地减少剪力墙的布置，将大开间剪力墙布置作为基本目标，在保证其侧向刚度适宜性的同时，使其最小剪力系数在规范值范围内。这样不仅在促使结构自重减轻的同时，减少地震的作用力，还能够降低工程造价，获得良好的经济效益。

有效控制墙肢长度的差异性。在剪力墙的结构中，剪力墙应该按照主轴方向以及其他方向双向布置，但需要避免进行单向的剪力墙的布置，还应该使两个受力方向的抗侧刚度接近，刚度则能实现均匀分布，提升其整体的协调受力能力。而在建筑的布置方案时，则要保证墙肢长度的一致性，这样能够避免其出现过长或者过短的剪力墙，在受力均匀分布的情况下，则能够保证地震的作用被剪力墙合理地进行分配。

对剪力墙的开洞进行处理。在高层住宅的剪力墙结构中，除了根据建筑功能设置门窗洞外，还需要根据实际的方案和结构，对结构洞进行调整。剪力墙整片不宜做太长，应进行开洞采用弱连梁进行连接，太长剪力墙刚度太大，吸收地震力大，若此墙体损坏了，对整体抗震性能影响太大，破坏力大。应分散布置墙体，保证各片剪力墙可以均匀分配地震作用，同时控制各墙肢轴压比，使各墙肢轴压比在竖向荷载作用下尽量靠近相应结构抗震等级轴压比限值，通过调整洞口的大小和连梁的高度来调整连梁配筋量，避免出现连梁超筋导致配筋困难。

三、优化高层建筑剪力墙结构设计的措施

调整改善层结构的设计。在高层建筑的设计过程中，高转换刚度和过渡层的质量得到了增加，对于转换层本身以及刚度的上下比进行调整，具有重要意义。首先，转换层的刚度与质量不能过大，在水平力的作用下，进行精确空间分析后，要使其转换层附近的层间位移角一致。其次，要对较低的刚度与重量的过渡层结构进行选择，并对振动模态的数目进行确定。并分析其可能存在的薄弱环节，通过对其内力分布特性的研究，调整其内力与构件，保证薄弱部位性能的有效提升。

降低独立小墙肢和剪力墙的刚度。在我国的建设设计中，对剪力墙的截面大小进行了明确的规定，要求独立的矩形墙肢截面的高度要超出截面宽度五倍以上。而想要避免太大的独立墙体刚度的缺陷的出现，通常会使用合并洞口的设计，抵消强度。但也可以通过对剪力墙布局设计的改变实现，也就是要将墙体的边缘处设计为独立的小墙肢，之后使用恰当的钢筋结构，实现剪力墙受力状态的整体优化。

剪力墙厚度的有效控制。想要提升高层建筑的抗震能力，就需要提升剪力墙的抗震性能，如能够预防八级地震的建筑，其剪力墙的抗震强度最少要达到二级。厚度的规范能够有效地避免墙外平面刚度出现过小的现象，降低其稳定性，同时防止其偏心载荷出现偏移。

对连梁设计进行优化。关于剪力墙的连梁设计方面，建筑行业也给出了官方的规定。对于高跨比大于或小于 2.5 的大跨截面剪力的承载力与加固方面有着不同的规定，同时其配筋也有区别。而想要减少剪切设计的值要求对其连梁采取塑性调整的措施。通常在进行内力计算时，对梁的刚度进行折减，或者是将梁弯矩与剪力值结合并乘以折减系数来实现。

优化设计剪力墙底部的加强墙。高层建筑本身的自重是非常大的，因此剪力墙自身

的承载力，是不能满足其实际的承重需求的，这就要提升剪力墙的承重能力，也就是在其底部位置设计加强墙。由于剪力墙的底部存在特殊的结构保证了其承载力，就要对其高度进行优化设计。而想要提升剪力墙的约束力，则以将其缘部件和底部进行固定。

综上所述，随着社会对生态环保理念的重视，以及土地资源的不断缩减，我国的建筑正在向绿色环保高层建筑的方向发展。在这样的背景下，其对于建筑安全性也提出了更高的要求，由于剪力墙结构具有强度高且轻便的优势，也在绿色高层建筑的实际施工中得到了广泛的应用。但还需要持续的对剪力墙结构进行深入的研究分析，从而保证其应用水平的有效提升，在满足城市发展和居民需求的同时，促进建筑产业的快速发展。

第七节　绿色装配式钢结构建筑体系及应用方向

随着城镇化步伐的不断加快，建筑领域得到了长足的发展，技术水平随之有了明显的提高。目前，由于人们环保意识不断加强，绿色装配式钢结构建筑日益得到了广泛的关注和重视，而传统的建筑体系已经不能够满足现代建筑领域发展的要求，绿色建筑体系必将引领我国未来发展的主要趋势。众所周知，装配式钢结构具有材质轻、资源利用率高的显著特征，且能够实现高效的循环生产，装配式钢结构的发展模式奠定了绿色建筑的有效推广，充分实现了资源的循环利用，具有显著的环保效应。

改革开放以来，我国经济持续保持了高水平的发展模式，建筑规模和建设水平得到了显著的提高，绿色建筑的概念应运而生，装配式钢结构建筑体系是绿色建筑的重点组成结构，已经成为建筑领域的重点发展方向，在建筑领域中发挥着重要的导向作用。值得注意的是，在绿色装配式钢结构建筑体系及应用时，应该兼顾企业单位的经济效益，不断地对建设技术进行完善和革新，满足环保的可持续发展需求，进而为我国绿色装配式钢结构建筑体系的长远发展奠定坚实的基础。

一、绿色装配式钢结构建筑体系

绿色装配式钢结构体系通常是由不同类型的钢结构材料组成的，在新世纪科学水平不断发展的推动下，建筑领域的钢结构组成模式已经发生了翻天覆地的变化，和传统的钢结构体系对比，可以发现绿色装配式钢结构体系具有显著的结构和技术优势，具体主要体现在以下几点：第一，绿色装配式建筑体系能够对建筑的建设起到全面优化的作用，进而显著地降低施工工程的工程量，节省建筑工程的投资成本，并且还能够有效地提高建筑工程的施工效率和建设质量。第二，绿色装配式钢结构采用的建设材料的稳定性相比传统建筑具有更大的优势，能够显著地提高建筑工程的质量，从根本上保证了建筑工程的安全性，还可以延长建筑工程的使用寿命。第三，与常规的传统建筑结构相比，绿色装配式钢结构的使用密度大大地降低，降低了建筑工程的施工成本，减少了施工企业的人工、材料和机械台班投入的比例，实现了良好的经济效益。第四，绿色装配式钢结构建筑体系具有良好的环保效益，不仅能够实现对钢结构的合理使用，还能够优化钢结构组成体系，进一步降低建筑工程投资成本，兼顾环保效益和经济效益。

二、绿色装配式钢结构体系的研究

具有较好的结构强度，抗压能力好。站在建筑工程结构分析的角度来讲，建筑工程的钢结构和混凝土结构并没有明显的差别，但是由于钢结构本身具有较好的抗压性能和抗拉性能，使得其在建筑工程领域得到了广泛的应用，特别是现在的大型建筑工程一般均采用钢结构体系，实现良好的建设效应。钢结构在建筑工程领域的使用能够满足人们对居住空间需求的高标准需求，使得建筑工程的布局更加简便化，具有良好的视觉效应。

具有良好的再循环使用效应。建筑工程竣工后，也就意味着钢结构体系的顺利完工，如果采用绿色装配式钢结构建筑体系，就能够实现钢结构的循环利用，根据最新的研究报告表明：采用绿色装配式钢结构建筑体系能够实现钢结构的循环利用率高达75%，不仅显著地实现了资源的循环使用，还能够极大地减少建筑垃圾堆放量，据不完全统计，与常规混凝土建筑相比，建筑工程垃圾量可以减少约65%，碳排放量减少约45%，实现较好的环保效应。

模块化的发展模式。绿色装配式钢结构建筑体系主要是以轻型材料为主要的建设原材料，这种建筑原材料的工程造价相对较低，并且具有安装简便的巨大优势。由于绿色装配式钢结构建筑体系采用了工厂化的钢结构质量管理模式，从钢结构制造阶段开始，就要求建设人员对钢结构产品进行更为严格的质量把关，更要保证钢结构质量符合国家和行业的发展标准，正是由于实行上述严格的质量把控，切实地提高了绿色装配式钢结构建筑的施工质量，显著地提高了建筑工程安全性和稳定性，并且能够降低建筑工程的流动资金，且更好地避免了建筑原材料的返工等问题，有效地避免了建筑工程停工等现象的发生，更好地保证了建筑工程的顺利进行。

三、绿色装配式钢结构体系的应用

绿色装配式钢结构建筑体系在商业建筑中的应用。现阶段，随着建筑行业的不断发展，结合绿色装配式钢结构建筑体系已有的建筑成果，装配式钢结构体系不断地在商业领域以模块化的模式得到广泛的应用，通常情况下，模块化装配式钢结构就是在材料预先制作好的基础上进行优化和调整，实现钢结构和其他建筑材料的成型效应，进而应用到大型商业建筑的建设当中。商业建筑的显著特点是特殊性商业建筑进行自由化的建筑，能够满足不同建筑工程发展的实际需要，极大地提高了建筑工程的建设效率。

目前，商业建筑都在积极地使用方形大型钢结构的使用，并且已经成为绿色装配式钢结构模式在商业建筑中主要的发展模式。此外，绿色装配式钢结构使用的钢结构和型钢结构还具有良好的防火作用，这样不仅能够提高商业建筑的安全性和稳定性，还能够对商业建筑的建设成本进行合理的控制。在大型商业建筑中，通过对绿色装配式钢结构建筑体系的合理使用，能够从根本上保证商业建筑的施工质量，根据商业建筑具体的施工要求，利用模块化钢结构还能够减少拆卸工程量。

绿色装配式钢结构建筑体系在住宅建筑中的应用。由于自身结构的特殊性，绿色装配式钢结构体系非常适合用于住宅建筑的建设当中，主要是由于装配式钢结构建筑模式具有良好的稳定性和安全性，通过使用装配式钢结构体系，能够有效地解决钢梁强度不足的缺陷。此外，由于绿色装配式钢结构建筑体系采用的是钢化的建筑材料，能够从根本上解决传统建筑工程不能克服的钢梁强度不足及建筑钢梁外露等缺陷，在绿色装配式钢结构建筑体系中使用空中灌注混凝土的建设模式能够极大地增强住宅建筑的承重能力，间接地减少住宅建筑的施工成本。

四、绿色装配式钢结构建筑发展的趋势

在建筑行业不断发展的过程中，绿色装配式钢结构建筑体系主要应用在商业建筑和住宅建筑领域，但是由于缺乏过硬的建筑工程施工技术，我国的建筑行业慢慢地进入了发展的瓶颈期。为了有效地促进建筑行业实现装配式模式发展中的巨大突破，政府部门应该积极发挥自身的居中作用，切实出台有利于建筑体系发展的政策，建筑企业也应该根据建筑市场的需求不断地调整自身的市场战略，进而在我国的建筑领域发挥更大的导向作用。

绿色装配式钢结构是近年来新兴的结构模式，为了更好地确保钢结构建筑体系得到良好的发展，应该切实将常规的钢结构作为最基本的发展模式，这样才能够更好地对绿色装配式钢结构体系进行全面的创新研究，进而开发出绿色、高效、节能的建筑结构和建筑体系。需要注意的是，建筑设计人员在对建筑结构进行研究和创新时，既要注意建筑钢结构体系的创新，更要注意施工模式的创新，从而以钢结构为核心，尽可能地控制

建筑成本，优化绿色装配式建筑的结构，扩大建筑的利用空间。

综上所述，绿色装配式钢结构建筑体系已经得到了广泛的应用，不仅能够降低建筑工程的建设成本，还可以实现资源的循环利用，显著地降低了建筑工程的垃圾量，具有良好的环保效应和经济效应。本节主要论述了绿色装配式钢结构建筑体系具有的优势和在实践中的应用，能够为实践工程提供一定的参考价值。

第四章　绿色建筑设计的实践应用研究

第一节　绿色建筑材料的应用

不管是电力资源还是水资源都属于建筑能耗，国内建筑能耗较大，浪费大量资源，建筑行业在目前严峻形势下应注意绿色节能设计，应用绿色建筑材料降低建筑能耗，提高环保效果。本节根据绿色建筑材料的特点，从常用材料、应用要点以及应用路径这三个主要方面探究绿色建筑材料的实践应用，并展望其应用趋势，助力绿色建筑事业实现可持续发展。

时代在不断进步，科技在不断发展，人们的生活水平也处于不断改变的状态，但人们在改善物质生活时却忽略了对环境的保护。我国虽然是资源大国，但资源绝不是取之不尽用之不竭的，环境正在日益恶化，如果无法有效控制、解决严峻的环境问题，大家迫切追求的良好生态环境将沦为空谈。那么如何应用绿色建筑材料促进建筑节能环保目标的实现，打造真正意义上的绿色建筑，营造健康生活环境，是人们共同关注的课题。

一、绿色建筑材料的特点

绿色建筑材料指的是适应生态环境的建筑材料，引入清洁生产工艺，尽可能少用或不用天然资源，使用大量工农业或者是城市固态废弃物生产无污染、无毒害、能回收利用的建筑材料。而绿色建筑指的是在使用建筑的期限内最大限度节材、节能、节水，减少污染、保护环境，提供安全舒适的使用空间，建设适应自然的建筑。科学合理应用绿色建筑材料是建设绿色建筑的重要部分。绿色建筑材料的特点主要有以下几个：第一，消耗少，自身形成的废弃物可在循环作用下分解，或转变成无害无毒的材料。第二，能耗低，通常都可利用太阳能、沼气、风能等几乎没有污染的自然能源，真正实现低碳环保。第三，无公害，在研发和生产绿色建筑材料的过程中都使用环保的、绿色的原材料，不添加任何有害物质。在要求环保的同时不脱离建筑材料原本的形态，绿色节能与舒适耐用并举，更有助于发展绿色建筑事业，提高人们的生活质量。

二、绿色建筑材料的应用

几种常用绿色建筑材料。绿色建筑材料是组成建材工业的重要部分，是近年兴起的新型产业，生产并应用绿色建筑材料不但能节地、节能，减少资源消耗，有效保护生态环境，还能促进建筑行业健康发展，带动经济持续增长。很多发达国家纷纷研发绿色建筑材料，国内目前应用最广泛的绿色建筑材料主要有以下几种：

生态水泥。水泥和混凝土是建筑材料不可或缺的部分，但这要消耗大量矿物资源，并且生产时对环境造成严重的污染。随着科技的更新与进步，人们成功研制出生态水泥，它能和环境相融，不会变成固体废弃物。生态水泥的制作原料包括钢渣、火山灰等废弃物，性能和传统水泥相当，并且较传统水泥而言排放二氧化碳的量减少30%～40%，节能超过25%。

墙体材料。在绿色建筑材料领域可利用矿渣、粉煤灰、混凝土空心砌块等材料制作环保绿色墙体材料，这种新型绿色墙体材料具备自重轻、节能和隔音效果好、经济实惠等优势。

绿色真空玻璃。在建筑物中，玻璃是最主要的采光通道，但传统玻璃在夏季不隔热、冬季不保温，紫外线等有害光线的透射率也较高，绿色真空玻璃与之相比具有独特优势，不仅使用年限较长，还具备良好的隔热保温与隔音效果，充分利用自然光线有效调节室内温度，实现绿色节能环保的目的。

除了以上三种常用绿色建筑材料，现阶段得到广泛应用的还有新型陶瓷、除臭卫生洁具、抗菌面板等，这些绿色建筑材料不仅外观美丽，还有良好的性能。

绿色建筑材料应用要点。如今，国内建筑行业应用绿色建筑材料的要点主要体现在环保、通风、保温、隔热等方面。

一是应用绿色环保建筑材料。在绿色建筑设计中有两个主要的细节，分别是门窗与墙体，在应用绿色建筑材料时要合理选择。建筑的质量和应用建筑材料有密切联系，应用绿色环保材料能提升建筑使用舒适度。为更好地践行环保节能理念，选择的绿色建筑材料应具有环保健康、高节能的特性；为预防出现二次污染的问题，应提前做好规划，提升利用资源的效率，减少材料损耗；如果是在地震高发区建设建筑，应选择适用的复合型压缩板，提高建筑利用率，使用即便建筑损毁也能重复使用的建筑材料。

二是应用绿色通风建筑材料。衡量建筑质量的重要指标之一就是室内通风情况，新型建筑门窗结构和开合活页就有良好的通风性能，是现代建筑建设首选的通风材料。该建筑材料不仅能降低空气流速，还可以保证将空气从底部进入室内变成从顶部进入，降低气流感，提升居住舒适性。新型绿色窗框材料还能对外界空气进行有效过滤，预防吸入空气冷凝水，并通过降噪处理多角度实现节能降耗的目的。

三是应用绿色保温建筑材料。和一般的隔热材料相比，绿色隔热材料有过重、过厚、过大等弊端。传统隔热材料不仅重量大、体积大，在使用时还缺少灵活性，目前处于被淘汰的局面。真空隔热材料和传统材料相比厚度只有四分之一，本身结构轻薄，并且性能优异，保温效果较好，是绿色建筑首选保温材料。

四是应用绿色隔热建筑材料。绿色隔热建筑材料的组成部分包括玻璃、空气间层和吸收面，玻璃能对外界光线起到有效反射的作用，阻隔光污染；空气间层能有效吸收并存储交流换热；吸收面是黑色的，能有效阻隔外界热量的交流传播，大大提升建筑室内保温隔热效果。这种绿色隔热建筑材料不仅外观透明，并且内部是蜂窝状，能有效吸收太阳辐射热能，改善室内保温性能，避免浪费多余材料，提高材料利用率。

绿色建筑材料应用路径。番禺沙湾小镇自我就业者的户口差异不大，但旅游回馈本地的自我就业者效益明显：58.33%商家为本地人。在城乡互动模式下，对沙湾古镇本地的自我就业者效益颇高，而对城乡自我就业者的城乡就业人口流动效益较差，究其原因主要是沙湾古镇地处距离广州市中心较远的位置，可进入性不够高。平时的游客量较少，游客量高峰期主要集中于节假日和周末，所以不太适合外地人来此创业，一些本地流动摊贩在客流高峰期才会在此摆摊做生意。

另一方面，在建筑住宅装修实践中应用绿色建筑材料。在交付建筑房屋时，很多都是毛坯房，人们在入住之前都要自行装修，所以希望在装修中最大限度满足装饰需求，但往往因所用建筑材料质量不合格，或者是装修人员技术不过关等，严重浪费资源、破坏环境。为及时有效解决这些问题，落实健康人居环境理念，装修选择的建筑材料必须达到绿色标准，具有国家质检报告，保证材料质量，同时不断提升技术水平，优化建筑装修效果。

三、绿色建筑材料应用的发展趋势

应用绿色建筑材料的发展趋势首先就体现在对环境友好型、节能型材料的应用上。节能绿色材料不但节约能源，更节约有限的地球资源，所以无污染、放射性低、无毒害的绿色建筑材料将是应用首选。其次就是发展空间绿色材料，因为全球气温正在逐年升高，建筑也面临越来越高的要求，空间光学建筑材料将逐步在建筑外观玻璃幕墙等领域得到广泛应用，如可反射光材料、吸光材料等。此外，在建筑装修中应用全面型绿色建筑材料也是发展重点，应用绿色建筑材料将会不留死角，无缝覆盖传统装修的门缝、阳台、窗户框等难点区域，达到最佳的节能减排效果。绿色建筑材料应用的发展趋势主要体现为以下两点：

一是寻求替代材料。开发新型绿色建筑材料要经历一个过程，传统建筑材料在当前还不能弃之不用，所以对传统建筑材料实施绿色化改造是当务之急。如建筑材料的轻质保温、节能节材以及包装材料的可降解性、减量化、利用天然废气资源，还有汽车材料的轻量化，用电力、甲醇、乙醇替代汽油等等。还有一类绿色建筑材料就是可回收、可再生、有机的再生木地板、橡木、竹子、再生橡胶地板、再生玻璃砖、再生材料地毯、有机棉等材料，更加绿色环保，能完全替代传统建筑材料，在生产、运输和包装产品等环节节省大量能源。

二是就地取材，尽可能缩短碳足迹。就地取材指的是优先应用当地生产的建筑材料，降低运输的压力和能耗，支持当地经济发展。环境影响生命周期评估的关键在于建筑建设过程中使用的材料的生产、运输、应用的相互关系。对于普通建筑使用年限中消耗的能量与施工环节消耗的能量的比例为 15 : 1，如果优化建筑的结构与设备，就可将该比例降低为 10 : 1，其主要取决于选择应用的建筑材料。所以从排放二氧化碳的角度看，建筑的使用效果比建筑建设施工的环境成本大很多，为降低建筑能耗成本，未来应重点考虑建筑材料的质量、运输距离等因素，建筑材料越重，就越要缩短运输距离。

很多学者目前都在积极研究通过缩短碳足迹促使建筑材料更节能的课题，而在各种各样的碳足迹定义中，较为全面准确的定义是：碳足迹一方面是某产品或某服务系统在整个生命周期排放的二氧化碳的总量，另一方面是某项活动中直接及间接排放二氧化碳的总量，这里的活动包括主体个人、组织、工业部门、政府等。不过该定义只明确二氧化碳排放量，并未衡量影响气候变化的其他温室气体，虽然 CH_4、NOx 等温室气体的排放量较小，但它们对气候变化的影响不容忽视。所以衡量碳足迹的范畴有待进一步向其他温室气体扩展，也就是碳足迹是某产品或某服务系统在整个生命周期里的碳排放总量，或者是活动主体在某项活动中直接及间接的碳排放总量。这就要求建筑从业人员要给予缩短碳足迹更多关注，达到绿色、节能、环保的目的。

如今，节能环保成为建筑主旋律，是人类注重保护环境、节约资源以及实现可持续发展的重要理念，推广应用绿色建筑材料是必然趋势。在实践中，人们应充分认识绿色建筑材料的特点，明确生态水泥、墙体材料、绿色真空玻璃这几种绿色建筑材料的应用现状，把握住应用绿色建筑材料的环保、通风、保温、隔热等要点，在建筑的结构、住宅装修等领域加强对绿色建筑材料的应用，并积极寻求替代材料，致力于通过就地取材的方式缩短碳足迹，发展绿色建筑材料，建设绿色环保节能建筑，构建节约型社会。

第二节 绿色建筑给排水技术的应用

近年来，绿色发展理念深入人心，已经成为当前社会经济发展的主流思想。建筑行业的发展过程中，在追求建筑质量和居住质量的基础上，还需要追求绿色节能效果。绿色建筑由此兴起，并逐渐成为当前的一个热门。绿色建筑的给排水是其中非常关键的一个环节，给排水技术的应用能够最大化利用建筑的水资源，减少水资源浪费；还可以节约能源，减少污染排放，保护自然生态环境，从而提高建筑整体绿色效果。本节将对绿色建筑给排水技术进行简要分析。

随着社会经济的发展，人们对自然生态环境的保护意识也在加强，在这种思想的影响下，各行各业都开始追求绿色环保，追求节能减排的效果。就建筑行业而言，人们不再单纯追求建筑质量及其使用效果，在此基础上还开始关注其绿色环保效果。为了贯彻绿色发展理念，当前的绿色建筑往往在各个环节的各部分通过科学合理设计，实现资源的最大化利用，同时减少资源的浪费，实现建筑整体的节能环保效果。其中非常关键的一个环节就是建筑的给排水设计，结合建筑实际进行科学设计，可以从整体上减少建筑的水资源浪费，提高建筑内水资源的整体利用率，同时可以减少对自然环境的污染；另外，科学合理的设计还可以实现水资源的回收利用，从而减少水体浪费，提高水资源利用率。此外，清洁可再生能源的使用可以节约能源，减少污染排放，保护自然生态环境。这对于提高建筑整体绿色环保效果、使用效果都具有关键意义。不仅如此，采用绿色环保技术还可以有效应用绿色环保材料，减少施工建设过程中的资源浪费，提高建筑给排水设施的使用质量，延长其使用寿命。

一、建筑给排水资源浪费问题

给排水管道、阀门及其他配件渗漏造成浪费。工程中，在给排水设计时往往存在与实际不相符的情况，或在施工过程中存在不合理的现象。在这些情况下，建筑过程中很容易产生水资源的大量浪费，部分情况下还会产生水资源污染。分析发现，建筑给排水设施的管道、阀门以及其他配件的设计施工存在诸多问题，很容易导致水资源的浪费，尤其是管道的渗漏等。另外，存在建筑给排水管道阀门等零部件如果自身质量不达标，很容易对水体产生污染，导致水资源质量下降，影响人们的居住效果。还存在建筑给排水设施中管道接缝位置很容易出现漏水，这也是导致建筑水资源浪费的关键环节。此外，建筑给排水工程的排水设施中需要使用相应的配水装置，这是用户使用水体的最终端，其性能与质量将直接影响到用户的居住体验。建筑内部的用水主要集中在厨房与厕所，其中厨房主要用于洗菜、做饭等，而厕所与卫生间的用水主要集中在洗浴、洗衣机、大小便后排水等。因此，建筑内部绝大部分用水最终都需要由水龙头完成，这种情况下，水龙头自身性能就会影响到水资源的使用效果。尤其是当水龙头出现漏水的情况，就很容易导致建筑用水的大量浪费，随着时间推移，这种浪费会进一步增加。

超压出流浪费。一般而言，建筑内部卫生器具都设计了相应的额定流量，这个额定流量能够满足日常使用需要。但是在设计过程中，很多地方的给水配件阀前压力大于流出水头，就容易产生超压出流现象。这种情况下，原有水系统的水量分配受到破坏，如果低层大量用水，就会影响到上层供水，导致供需矛盾。另外，出流量过大还会导致水资源浪费，并产生噪声污染，不利于整体用水效果。

热水系统浪费现象。建筑给排水系统设计不合理，导致给排水系统尤其是在热水使用过程中，由于建筑用水系统缺乏热水设计，导致用户在使用热水的时候需要放出大量冷水，这些冷水直接被浪费，这种情况下，就会产生水资源的浪费。这是由于建筑给排水设计不科学不合理导致的水资源浪费，对建筑整体用水效率会产生负面影响，还会降低建筑给排水系统的整体运行效率与质量，降低建筑给排水系统的整体效果。

二、绿色建筑给排水技术的具体应用

雨水渗透技术的应用。近年来，对于建筑给排水绿色环保效果的要求越来越高，在这种环境下，为了提高水资源使用效率，优化建筑内部水资源的合理配置，增强水资源环保效果，在设计和施工环节做出了大量探索。其中，对雨水的利用尤为重视，在工程中有直接利用和间接利用两大类。直接利用主要为雨水收集回收用于绿化、浇洒、景观等杂用水；间接利用主要有雨水渗透技术。

在建筑给排水系统的设计中，雨水的渗透技术是非常重要的一种新型技术。具体而言，建筑给排水系统的雨水渗透技术，主要是基于传统的生态学、工程学、物理学等基础原理知识，结合雨水的实际情况进行设计和施工，其目的在于实现建筑雨水的收集和有效使用，提高雨水的使用效率，避免水资源的浪费。不仅如此，雨水渗透系统还可以有效收集降雨，避免对地下水产生污染，有助于保护当地自然环境。实践结果显示，雨水渗透技术不仅能够达到良好的绿色环保效果，其自身对于成本投入的要求也不高，能够达到良好的使用效果，同时使用过程中不会产生严重的安全隐患，具有良好的安全性。当前雨水渗透技术在建筑中得到有效应用，在部分工业区也得到有效应用，有效保护了当地的生态环境，提高了水资源的利用效率。还要注意对雨水进行回收利用，充分发挥雨水资源的积极作用，避免资源的浪费，提高水体使用效率，促进提高建筑整体绿色水平。

热水节能系统的应用。分析发现，现有建筑给排水系统对于其中的热水资源利用效率较低，这也影响到建筑给排水系统的整体使用效率。为了提高建筑给排水系统水资源利用效率，有必要对其进行科学改进和完善。具体而言，需要从以下方面着手：第一，要科学利用太阳能资源。太阳能是一种清洁可再生能源，将其应用到建筑给排水系统中，能够实现对水体的有效加热。太阳能加热一般不会产生环境污染，不会浪费资源，也不会对建筑环境产生负面影响。太阳能加热能实现良好的节能环保效果，具有广泛的应用前景。在建筑给排水系统中应用太阳能，要结合建筑具体情况以及当地气候地理条件，科学设计和施工建设，尤其是需要充分考虑到当地气候条件，准确掌握当地日照时间以及季节变化，在此基础上对太阳能热水器进行科学设置，避免因为气温过低对系统正常运行产生负面影响。第二，做好空气源热泵的使用。建筑给排水系统中的空气源热泵，能有效实现加热，在实践工作过程中，系统能够吸收空气中的热量，然后将热量传输到相应的设备中。一般情况下，空气源系统中的制冷剂汽化温度与外界温度存在差异，因此可以利用媒介实现对热量的吸收，在此基础上利用压缩机进行处理，实现热量的有效利用，提高系统的环保效果，达到节能减排效果，提高建筑整体绿色环保效果。

新型节能材料及设备的应用。建筑给排水系统要想达到绿色环保效果，还需要结合建筑实际情况以及使用需要，对各种材料进行科学选用。在利用各种环保节能材料的过程中，需要坚持环保原则，尤其是要确保其使用功能，保证用户的用水效果。在实践过程中要坚持以下原则：第一，确保建筑给排水系统的节能效果。要根据需要选择对应的绿色环保材料，确保建筑给排水系统各个部件达到良好的使用效果，还要确保其耐蚀性效果，避免使用过程中产生腐蚀进而产生渗漏，影响到水体使用效果，导致资源浪费，避免对水体产生污染，确保建筑内部的水体质量。很多传统材料在放置一段时间以后就会产生腐蚀，并对水体产生污染。针对这种情况，需要选择绿色环保安全的材料，有效避免设备的腐蚀和生锈，避免设备出现漏水，避免对水体的污染，提高用户用水效果。第二，控制建筑给排水系统的各个部件。建筑给排水系统中使用最多的零部件就是各种阀门，为了从整体上提高水资源使用效果，需要根据建筑实际情况科学选择各种阀门以及相应的零部件，不仅要强调零部件的节水效果，还需要确保其使用质量和使用效果，避免对水资源产生污染，提高建筑水体安全性。建筑给排水系统中很关键的一个部件就是水龙头，也是确保用户用水质量的关键。一般而言，要根据具体情况科学选择水龙头，尤其是要注意选择具有良好节水效果的水龙头，还需要根据具体使用用途选择对应的水龙头，通过对这个细节的控制来实现水资源的优化利用，达到绿色环保的良好效果。第三，采取限压减流措施。要结合建筑实际情况采取合理的限压减流措施，避免产生积水配件单位时间内出水量大于额定限量的情况，这不仅有利于节约水资源，还可以避免对水资源的分配产生不良影响，确保建筑整体用水效果，达到最佳的用水效果。

废水污水处理技术的应用。建筑给排水系统中还需要做好各种生活污水的回收以及处理，这个过程能够避免生活废水的直接排放，避免对当地水环境产生污染，还可以根据需要对水资源进行科学利用，提高其使用价值，提高水资源的优化配置效果。建筑给排水系统中的废水污水处理系统，要根据建筑自身情况进行设计建设，需要突出其废水污水收集功能以及污水废水再利用功能和处理功能，减少生活污水和废水对自然环境的污染，提高水资源整体利用效率。在建设建筑给排水生活污水废水回收处理系统的过程中，需要根据具体情况合理选择对应的材料，一般要选择具有良好耐腐蚀效果、性能良好的零部件，这有助于提高系统对污水、废水的抗腐蚀效果，避免系统使用过程中产生损坏。对生活污水、废水的处理要达到相应标准，确保针对污水、废水的处理能达到相应效果，避免对当地生态环境产生污染，避免对当地地下水产生污染。为了确保建筑废水污水处理效果，还需要定期进行检查，确保经过处理的水体达到相应标准，为提高建筑整体用水效果打下基础。

当前我国社会经济的发展更加追求绿色环保，在这个过程中，针对建筑给排水系统的科学设计和建设非常关键。建筑的给排水系统，要达到对水资源的有效利用，避免对当地生态环境产生污染，以及对资源的浪费。为了达到这个效果，需要结合建筑自身情况对给排水系统进行科学设计和施工，注重利用清洁能源如太阳能，提高系统的节能效果，还需要处理好给排水系统的相关细节，保护水资源的使用，减少浪费与污染问题的发生。

第三节　高层民用建筑设计中绿色建筑设计的应用

目前我国以及全世界都面临着能源枯竭，生态环境严重污染恶化的问题。能源危机问题日益严重，为了有效地解决能源浪费污染的问题，绿色型节能建筑已经是我国建筑类的主流趋势，利用可再生资源进行建筑设计，减少能源的消耗与污染，是我国一种全新的建筑能源战略。本节就从绿色节能型建筑的意义、绿色建筑设计的实施标准、绿色建筑设计原则、绿色建筑设计对于高层民用建筑的意义、绿色建筑设计在高层民用建筑设计中的应用分析等方面进行了一定的分析。

基于我国不断增加的人口基数，我国建筑用地面积越发紧张，高层民用建筑在建筑工程中所占的比重越发加大。为了协调建筑行业与人类生态环境之间的共同发展，绿色建筑设计的理念就应声而出，并且正在逐渐地被人民群众所接受。在进行高层民用建筑的设计时，设计人员要进行多方面的综合考虑，制订好科学合理的方案，利用现代化的建筑设计技术和绿色设计理念，最大限度保证保持建筑的实用性与质量安全性。

一、绿色建筑设计对高层民用建筑设计中的相关概述

随着我国迈向世界舞台中央的脚步不断加快，我国建筑的高度不断地突破新的趋势，若能够将绿色建筑设计的理念加入建筑设计中来，不仅仅可以有效地减低能源的消耗，还能够加大能源的利用价值以及利用率。

绿色节能型建筑的意义。目前我国以及全世界都面临着能源枯竭，生态环境严重污染恶化的问题。能源危机问题日益严重，为了有效地解决能源浪费污染的问题，绿色型节能建筑已经是我国建筑类的主流趋势，利用可再生资源进行建筑设计，减少能源的消耗与污染，是我国一种全新的建筑能源战略。在高层民用建筑的绿色设计中，设计方案的质量高低不仅仅包括方案的合理与否、绿植面积的达标程度等，在建筑的实际实施过程中，材料的生产制造、购买、搬运、建设、施工、安装的过程中会产生的噪声污染、气体污染等都应该成为绿色建筑设计的衡量标准。所以建设绿色建筑不仅仅是设计师的责任，也是建筑施工中各个方面各个部门各个专业的共同责任。

绿色建筑设计的实施标准。首先，绿色建筑的设计要符合国家的相关法律法规，以我国可持续发展的战略方针为最终原则。其次，要加强绿色建筑施工、设计及各个专业部门的参与人员的责任感。因为建筑建造的过程较为复杂，专业划分很详细、绿色建筑的实施过程包含着各个专业，每个专业之间互相督促，互相融入渗透，才能够实现科学合理的施工设计。再次，在绿色建筑施工设计中采取新能源与新型材料，降低施工全过程的资金投入成本。最后，施工设计人员也应该加强自身的绿色建筑思想观念，积极学习相关知识。施工设计人员应该着眼于建筑的未来使用寿命，不应该只局限于一时的节约建造成本，要综合考虑促进绿色建筑新技术未来的发展。

绿色建筑设计原则。绿色建筑的设计有着一定的原则，设计人员若想将绿色建筑的设计实施到极致，就一定要遵循绿色建筑的相关设计原则。主要原则有以下几点：节约能源降低能源消耗、设计方案要与当地区域的气候和自然环境相结

合、设计人员要与当地居民进行沟通、建筑设计要充分考虑到群众的生活需求、设计要整体地体现未来设计发展与观念、尊重设计场地对建筑资源进行可循环的持续利用。

绿色建筑设计对于高层民用建筑的意义。

绿色建筑设计提高了高层民用建筑的自我调节能力。通过绿色建筑设计在高层民用建筑设计中的应用，可以充分地利用外界的温度、降水、自然光照及通风等自然条件来完善建筑的使用功能，不仅仅可以使高层民用建筑的自我调节能力得到提高，还能够极大程度地延长高层民用建筑的使用寿命。

绿色建筑设计提高了高层民用建筑的居住适应感。绿色建筑设计在高层民用建筑中的应用，科学合理地融合了建筑内部的居住空间，并且在建筑的建造中选取了绿色的材料，降低了建筑建造的化学有害物质含量，并且极大地减少了辐射对居民人体健康的影响，绿色建筑设计为居民提供了一个更加舒适美观的居住环境。

绿色建筑设计实现了人与自然的和谐发展。绿色建筑设计利用了自然中的光照及通风条件，减少了传统设计中施工者对照明以及空调等机械器械的依赖程度，在极大地改善居民的生活条件的同时，也有效地实现了人与自然的和谐平衡发展。

二、绿色建筑设计在高层民用建筑设计中的应用分析

选择合理的建筑基址。在高层民用建筑的实际设计过程中，首先，选择一个合理的建筑基址，建筑基址的选择要综合考虑各个方面，如该地区的地形特点、地貌特点、地质条件、气候条件、自然环境等因素进行合理的融入分析。为了能够充分地利用城市建设的用地资源，可以与当地居民进行协商，将部分老旧建筑所在的地点设置为高层民用建筑的建设基址。其次，相关的设计人员要充分了解高层建筑周边的自然环境及社会环境，防止出现建筑对当地的自然生态环境造成破坏的现象。在进行建筑建造时，尽量避免砍伐植被和填砂造地等的方式来获取土地资源。另外，气候条件对建筑工程也起着相当大的影响作用，设计人员要对建筑工程周围地区的气候条件进行监测分析，提高建筑选址的居住适宜性。最后，应该避免在古河道、河流湖泊等位置进行高层建筑的建设，以此来提高高层建筑的安全性。

充分利用自然条件对通风光照设计进行一定的优化。建筑内部的采光也是高层民用建筑的重要组成部分，设计人员若想充分地使高层建筑拥有良好的采光情况，要十分注意建筑间的间距问题。首先，设计人员要根据高层建筑的经纬度的位置以及太阳辐射对于高层建筑的影响进行朝向的选择，利用太阳光的光能来提高建筑的采光效果，从而为

居民提供良好的光照环境。其次，在高层民用建筑的户型设计中，设计人员要多采用南北通透型的户型，以提高室内的采取光照和自然通风条件。另外根据当地的自然环境以及温度变化的实际因素，设计人员应该采取具有针对性的措施优化其窗户的设计，采取节能窗的设计形式，节能窗即能够应流自然风向，又能够有效地控制光污染，可以全面地改善室内的采光和通风条件。

采用新型保温节能技术优化高层民用建筑设计方案。

合理设计高层民用建筑平面布局。建筑散热系数、建筑体型系数等建筑设计参数对高层民用建筑的设计有着很大的影响，设计人员在设计高层民用建筑的平面结构时，要对这些参数进行准确的计算与分析。此外，建筑的散热量与建筑的表面积呈现正比关系，建筑的散热量会随建筑表面积的增大而增大，所以设计人员应该将建筑的电梯机房以及相关的通道等设施设计在建筑的西南方向，西南方向的日照较少，可以减少阳光对设置通道的直射，使其能够发挥一定的调节功能。

合理设计高层民用建筑的围护结构。设计人员要充分了解当地的区域自然条件，在设计高层民用建筑的围炉结构时，设计人员要尽量采用耐火性、耐用性、防水性、传热性等质量较轻的建筑材料，在提高围炉结构的环保和保温功能的基础上还能够延长为围炉结构的使用周期，还可以达到减少资金投入、控制成本、降低能耗、降低资源浪费、节约成本的目的。

合理设计高层民用建筑墙体结构。外墙体系和内墙体系共同组成了高层民用建筑的墙体结构。外墙体系是高层民用建筑的主要外部框架结构，因此外墙的设计也直接影响到高层民用建筑结构内部整体的稳定性与安全性。此外，内墙体系是建筑内部主要起到保温防风防雨等重要功能的结构部分，所以要想全面提高高层民用建筑的安全性能，就要将内外墙的关系进行科学的平衡。针对外墙的设计，设计人员要严格地遵守结构设计的标准及规范，保证外墙结构安全是最基本的前提，在此前提下可以科学合理地选用节能材料提高建筑的环保性。同时，在高层民用建筑的内外墙之间可以设置一定的保温层，建筑外墙体系可以对保温层进行一定的保护，也可以提高建筑内部的保温性能，减少建筑物内部的能量散失。

合理优化高层民用建筑窗户结构。在设计高层民用建筑的窗户结构时，设计人员要精确地计算出高层建筑所承受的空气气体压强，并对其数据进行准确的计算与统计分析，做到能够科学地选择窗户的框架结构，同时对窗户玻璃的用量也要控制在合理的范围之内。玻璃材料在进行实际的施工时，可以选择新鲜的防辐射性的玻璃材料，大大提高窗户结构的安全性和质量型，同时还能够减少外界辐射对居民人体健康的影响。

合理设计高层民用建筑阳台结构。阳台也是建筑内部户型重要组成部分，在设计高层民用建筑的阳台结构时，设计人员应该将阳台的布局结构放在第一考虑范围之内，科学合理的阳台布局可以大大地改善建筑内部的采光效果，同时还能够提高阳台的保温性与舒适性，减少能源的消耗。一般来讲阳台那可以适当地设计一些绿植景观花卉等，既可以优化室内的空气，又能够美化建筑的环境。

合理设计高层民用建筑景观。高层建筑的景观设计是绿色建筑设计中的核心环节。因为景观设计体现出的不仅仅是建筑的美观性，在很大程度上景观设计也体现了建筑的功能性。所以设计人员要格外注意合理地选择绿色植被种类，在营造出色彩多变的绿色景观的同时也要充分地发挥出景观内部的使用功能。同时设计人员也要格外注意，合理的绿色植物的种植虽然具有净化空气、美化环境、通风采阳的作用，但是绿植面积过大反而会对建筑的采光造成一定的负面影响，所以最优选择是在景观设计中将绿色植物的种植率控制在 50% 左右。

高层民用建筑材料的合理选择就是要求设计人员在设计高层民用建筑的时候，要尽可能地采用绿色可回收环保利用的材料。按照节约控制成本投入的目的与原则，在区域附近就近采取可以获得并使用的材料，在一定程度上可以减少能源的使用率消耗率，并大大降低材料的运输资金投入成本。此外，一体式的装修设计方式已经在我国得到很多人的认可，在进行装修设计时采用一体式的装修模式，可以最大限度地减少建筑装修中的能源消耗与资金投入。

充分利用日照、雨水等自然资源。为了节约在高层民用建筑设计中的能源消耗与资金投入，设计人员要尽可能地利用阳光、日照、雨水等自然资源，在提高高层民用建筑的环保功能的同时，还能够利用自然资源来缓解我国可回收资源紧缺的问题。针对利用雨水资源设计人员应该在建筑内部设计雨水收集装置，雨水被收集下来之后进行一定的处理，可以作为消防用水储备或者是灌溉用水储备，还可以用于喷洒道路。针对阳光资源，设计人员可以设计太阳能吸收板，吸收的太阳能可以用来发电，使用太阳能洗浴器等，这在很大程度上促进了高层民用建筑的未来的绿色发展。

建筑节能。为了满足我国城市化进程脚步的不断迈进，目前我国高层民用建筑呈现着高度不断增高的趋势。但是根据相关人员的调查研究显示，最适合居民居住的建筑环境高度最高不能超过 20 米。但是由于我国人口基数巨大，而土地可利用资源又不多，为了能够满足居民群众的居住需求，民用建筑的高度不断增加，根据调查研究显示，目前我国高层民用建筑高度已经远远地超过了 20 米。同时，基于我国日益污染的环境问题，空气中污染悬浮物的颗粒的含量也在不断增加，这也增加了居民群众在高层建筑中生活的健康问题。绿色建筑设计十分符合我国的建筑节能的国情，为了能给人民群众提供一个安全舒适的居住条件，若不能降低建筑的高度，就要从建筑内部入手，给居民群众营造一个安全舒适的居住环境。

总而言之，在进行高层民用建筑的设计时，设计人员要进行多方面的综合考虑，制订好科学合理的方案，利用现代化的建筑设计技术和绿色设计理念，最大限度保证建筑的实用性与质量安全性。

第四节 基于地域性节能构造技术的绿色建筑应用

随着人类对环境危机意识的加强，世界各国陆续提出"可持续发展"的概念。可持续发展的思想揭开了人类文明发展的新篇章，节能、减耗、绿色、生态已成为未来世界对建筑的共同追求。建筑一直以来被视为高投入、高能耗、高污染、低效率的产业，给环境带来了巨大压力。要实现可持续发展，就必须走绿色道路，建筑领域也开始提出"绿色建筑"的概念。以绿色建筑的内涵为切入点，从社会效应、经济效应、环境效应三个角度定位，以大连为例，进行地域性绿色建筑发展状况、节能特点和技术应用情况的研究，并分析及预测绿色建筑未来的发展前景。

自 21 世纪以来，伴随着世界工业化、现代化进程的不断加快，国际上能源、环境危机频发。1999 年迎来了"世界 60 亿人口日"，全球人口暴增，加剧了人与环境资源的矛盾，人们不得不开始从环境保护、能源节省方向另求出路。20 世纪 60 年代，在生态危机和能源危机的大背景下，国外提出了绿色建筑和生态建筑的新概念，节能材料、节能技术的研究和应用在建筑行业中应运而生，建筑节能成为建筑行业发展的先导。2015 年，我国建筑业总产值为 180757 亿元，在全社会总能耗占比超过 30%，因此推广绿色建筑是控制环境污染、降低建筑行业能耗乃至社会整体总能耗的必由之路。国家主席习近平在第 21 届联合国气候变化大会上指出：中国将把生态文明建设作为"十三五"规划重要内容，发展绿色建筑和低碳交通，形成人和自然和谐发展现代化建设新格局。目前我国绿色建筑项目累计总数已有 3636 项，绿色建筑已经成为建筑领域的重要组成部分，但尚未处于主导地位。自国家有关绿色建筑鼓励政策颁布以来，我国绿色建筑逐步发展，但进展缓慢。截至 2015 年 12 月，住建部发布的绿色建筑评价标识项目公告全国绿色建筑标识项位，目前在全国的新建建筑面积中，绿色建筑的占比仅有 3%。

如何进行我国绿色建筑的探索和实践，已经成为摆在建筑及能源领域专家学者面前的一个重大课题。照搬西方发达国家的节能建设套路显然是行不通的，因为西方发达国家是在完成了工业化向现代化转变后开始绿色建筑建设进程的。而我国目前正处于工业化、城镇化高速发展时期，现代化建设质量和平均水平都明显低于发达国家，而房屋建设需求却很庞大，如果以发达国家绿色建筑的建造模式和设计标准进行建设，规模之巨大是难以想象的。作为世界第一大发展中大国，我们应该承担起减少污染、保护环境的责任，以低能耗、高效益为原则，建设具有中国特色的以人为本、生态和谐、环境友好型建筑。绿色建筑是实施城市高效绿色的必由之路，是当今世界建筑发展的必然趋势。大力发展绿色建筑，不仅能够改善人居环境，促进民生发展，同时也是新时期国家发展的战略方向，是生态文明建设的实施途径。

所谓"绿色建筑"的"绿色"，并不是指一般意义的立体绿化、屋顶花园，而是代表一种概念或象征。在我国2014年新版的《绿色建筑评价标准》中，对绿色建筑有明确的定义："绿色建筑"是指在全寿命期内，最大限度地节约资源（节能、节地、节水、节材）、保护环境、减少污染，为人们提供健康、适用和高效的使用空间，与自然和谐共生的建筑。绿色建筑的基本内涵可归纳为：减轻建筑对环境的负荷，即节约能源及资源；提供安全、健康、舒适性良好的生活空间；与自然环境亲和，做到人、建筑与环境的和谐共处、永续发展。

一、绿色建筑的地域性

由于地区的自然和人文的相互作用的综合结果形成地域性，随着场所、时间不同而都有所变化。地域性是各地区间区别的标志，也是地区的差别性。建筑的地域性从字面意义上理解，是建筑具有与其所在地域相关联的属性或在特定地域内建筑所具有的共性。以地域性为基础来分析绿色建筑的设计原则和构造要求，能够以较高针对性对绿色建筑的地区特殊性和适应特点进行研究，并由特殊情况推广到可以与研究对象相吻合的某种类型的区域环境。这对许多相似类型地域特点的绿色节能建筑研究也具有借鉴意义。

绿色建筑的经济性。经济性是一个综合性指标，要求产品在尽可能低的总成本的条件下，实现必要的功能，并使产品达到尽可能高的价值。一方面，建筑产业的经济性是指衡量建筑的全寿命周期总费用（总成本）的大小，不仅要考虑建筑施工时的材料、人工、场地等造价费用，还应重视项目准备前期的可行性研究、项目完成后的建筑物维护和项目运营等所需费用，这些都直接构成了建筑项目的总成本。另一方面，绿色建筑的经济性除了经济价值以外，还表现在社会价值、环境价值两个方面。绿色建筑的经济性不仅要求我们对其成本费用进行控制，还需要我们加强宏观把控，实现降低污染、保护环境、可持续发展的重大目标。

二、我国绿色建筑的发展现状及发展分析

为加快推动绿色建筑的发展进程，近年来，我国中央政府及省市地方政府陆续出台了关于绿色建筑的发展政策体系，促进了我国建筑行业绿色发展和城市住区环境的改良。"建筑节能—绿色建筑—绿色住区—绿色生态城区"的空间规模化聚落正在逐步形成。政府提出通过采用"强制"与"激励"相结合的方式来推进绿色建筑发展，即对国家机关办公建筑、学校、医院、体育文化场馆和保障性住房等政府投资项目逐步强制实行绿色建筑评价标识制度，对其他项目仍采取自愿性原则，通过激励手段加以推动。

在各种有关政策与法律条文的支持与鼓励下，绿色建筑的建设在各地陆续开展。然而，推进具有先进施工技术和管理模式的绿色建筑发展并不是轻松顺利进行的，我们也在建设过程中将其广泛普及时遇到了瓶颈，主要有以下几个方面的问题。

绿色节能是薄弱环节，在设备投入和覆盖率上存在较大不平衡。从最新调研数据可以看出，我国智慧建筑市场呈现出整体智慧水平较高的态势，但绿色节能领域仍为薄弱环节，主要表现在绿色建筑的关键技术仍未推广普及，绿色建筑的建设项目较少，仍不能满足我国可持续发展的要求。从目前的绿色建筑评价标准项目分布情况看，我国绿色建筑存在分布不平衡的特点。具体表现在：一是南北差异。改革开放以来，随着我国东南沿海一带经济的迅速崛起，绿色建筑在此也开始了较快发展，建设项目逐步增多；而我国的中西部地区则发展较缓慢，建设项目较少。二是城乡差异。与城市相比，农村的产业结构单一，物质条件也较落后，人们对绿色建筑的了解不多，对绿色建筑的需求更是极低；相反，城市人口则越来越注重追求低碳生活，加之城市的职能多样化，可以使绿色建筑得以健康快速发展。

现行推动绿色建筑发展的政策还不够完善。在激励政策方面，虽然国家已经出台多项促进发展绿色建筑的激励政策，但截至目前，并没真正落实，因此保证政策的有效落实到各地是必要的，需制订切实可行的实施方案；在强制政策方面，国家对大型公共建筑、政府投资建筑、保障性住房类建筑等政府投资项目提出了强制性政策规定，但绿色建筑需要多个部门、多方面管理的相互配合、相互协调，若完全由建设单位单独承担，会造成管理混乱、部门职责不清的局面，不利于高效生产。

现行标准阻碍绿色建筑的有效实施。我国中央及地区制定的《绿色建筑评价标准》是对绿色建筑设计和规范的主要技术依据，但评价标准是建筑建设完成之后的建成指标，

对绿色建筑的设计和施工不具有指导性意义，所以只是一味注重单一的评价标准，会引起建设单位对绿色建筑节能减耗设计施工的消极怠工。

绿色建筑补贴太少，开发商动力不足。目前全国的建筑面积中，绿色建筑仅占了 3%，其中近一半是由万科集团承担的。万科近两年的住宅市场份额约为 4%，其绿色建筑规模在 2014 年占中国绿色建筑总量的比例为 36%，从 2009 年开始，全国每 2 套绿色建筑中，就有 1 套是万科的绿色建筑。然而对于相关政策补贴，万科董事会主席抱怨道："在工业发达国家，做绿色建筑住宅有非常明确的补贴，中国搞电动汽车有补贴，但是搞绿色住宅、绿色建筑没有什么补贴可言。"其实早在 20 世纪 80 年代，伴随绿色节能问题的提出，绿色建筑的概念已在我国出现。可是在近十几年的发展中，绿色建筑的发展态势较为缓慢，原因之一便是绿色建筑的政策补贴太少，建设成本又较高，开发商所得利润较低，导致他们的行动力不足，制约了绿色建筑的发展。

专业人才队伍建设有待提高，绿色建筑咨询服务体系不够完善。尽管我国在专业人才培训方面花费巨大，但能够满足设计建设、组织管理方面要求的国家级、省级重点培养人才还是较少。少量的尖端专业人才队伍不能满足我国扩张型的巨大建设需求，因此还需加强专业人才培养。目前我国市场上的绿色建筑咨询服务质量参差不齐，有许多则是为申报绿色建筑标识而建立的名不副实的咨询服务公司，这些咨询机构并不能为绿色建筑提供真正意义上的全过程把关，不能满足社会绿色建筑建设发展的需要。

大众对绿色建筑认识不够全面。经调研发现，普通大众更趋向于把绿色建筑理解为直观上的、字面含义的"绿色"建筑，以为绿色建筑是看得着的"绿色"建筑，或是将其简单理解为有绿化的房屋建筑，觉得可有可无。人们对绿色建筑的不够了解，主要是由于政府、媒体对绿色建筑和低碳生活理念的宣传和推广力度不够，民众不能准确、全面地理解绿色建筑的设计理念和优越性能，导致人们在选择住房时对绿色建筑的要求较低。万通控股董事长冯仑表示，目前国内开发商对绿色建筑的热情度不够，一是因为节能减排的意识不到位，二是绿色建筑会增加每平方米 200 元左右的建筑成本。如果绿色建筑的先进性、优越性没能得到很好的普及，绿色建筑将会被视为"奢侈的建筑"在房地产市场遭到冷遇。

三、绿色建筑前景预测

建筑是能源消耗的三大板块之一（其余两个是工业和交通），从世界平均水平来看，能源消耗结构中工业占 37.7%、交通为 29.5%、建筑为 32.8%。因此，建筑节能是应对能源危机和环境恶化的重要措施。绿色建筑"四节一环保"（节地、节水、节能、节材、环保）的特征成为建筑节能首选，是目前最有效的节能减排方式之一。随着工业化和城镇化的飞速进程，我国的环境和能源压力问题也日趋严重，研究我国绿色建筑的发展前景具有重要的现实意义。

节能潜力巨大。目前我国建筑面积超过 400 亿平方米，每年新增建筑面积接近 20 亿平方米。目前我国现有建筑超过 95% 属于高耗能建筑，新建建筑的绿色设计可以有效减少能耗。"十三五"规划中明确提出全面节约和高效利用资源，强化约束性指标管理，实行能源和水资源消耗、建设用地等总量和强度的双控行动，提高全社会的节水、节能、节地、节材标准。受"十三五"规划的引导和相关陆续出台政策的鼓励，绿色建筑的巨大节能潜力必然会促进其在我国未来的发展前景。

经济效益较高。相对于需要巨大投入的工业和交通项目设计优化，建筑节能设计会更容易实现。绿色建筑能够以相对较少的投入，达到节能减排、促进生态自然和谐的目的。值得注意的是，社会大众可以为建筑节能买单，效能高、舒适健康的建筑会有巨大的市场发展空间，而工业和交通的优化成本则难以与社会民众共同分担。因此积极发展和推广绿色建筑必然是我国未来发展的大趋势。

技术相对先进且不断创新。绿色建筑的节能设计日渐成熟，从建筑围护结构、建筑门窗设计、建筑节能材料的应用，到太阳能利用、风能利用、提高水资源的利用率和地热能的利用率，各方面研究都取得较大进展，局部和整体均实现了绿色建筑的节地、节能、节水、节材指标。此外，应用于绿色建筑的节能设计还在不断创新不断优化，例如从节约能源方面，热泵技术、建筑辐射性供热、光伏建筑一体化、建筑热量再循环等新兴技术也开始发展和实践，技术的高更新速度有利于全行业的进步，提高绿色建筑的整体效能。

实践道路更加宽广。尽管目前我国绿色建筑占比仅 3%，但根据目前政策形势和环境要求，绿色建筑市场占有率有望飞速提高。我国的传统文化背景是提高绿色建筑在我国群众接受度的一大原因，因为绿色建筑更接近自然，其所提倡的健康、舒适、和谐的生活和节约的理念将会成为我国人民的喜好之物。另外，绿色建筑的节能设计的应用范围也越来越广。不仅有越来越多的开发商建设绿色建筑，如今建筑施工也趋于节能环保，施工工程越来越"绿色"，还有越来越多的技术用于建筑构造中，响应绿色建筑的呼声在我国的建筑行业中也更加强烈。

四、地域性绿色建筑的应用设计原则

绿色建筑设计应按地域性气候条件、地域环境特征、外部环境影响因素、人义文化习俗、建筑内部环境控制、能源利用效率、经济成本控制等方面加以综合分析，灵活科学地应用，而不只是僵化地一味迎合评价标准来建造符合标准的建筑，否则那些充满着过度高端技术而缺乏整体性、适宜性的建筑，只会使绿色建筑失真，成为名不副实的奢侈建筑，违背绿色节能设计的根本目标，大众认可度自然也会降低。由此可见，把握住绿色建筑的设计原则是很重要的。笔者认为符合地域性绿色建筑设计的原则主要有以下几点。

整体性原则。整体性原则要求企业在设计绿色建筑时，不仅要追求建筑本身的各项性能达标，还应考虑建筑与环境统一和谐、友好共存。因此，在设计建设绿色建筑时，不仅需要考虑到节地、节能、节材、节水的建筑构造设计，还应关注建筑的外形特征与其所处区域的文化背景是否相辅相成、和谐统一。

科学性原则。绿色建筑的科学性主要表现在建筑设计、施工技术和运营管理上有相应的科学依据。保证科学性可以有效提高绿色建筑的达标率和大众认可度，同时也是开发商和施工方在项目开展始末一大动力支撑，因为没有系统科学的设计施工方案，绿色建筑的建设过程必然会屡遭瓶颈，完成质量也会差强人意。当然，科学性原则并不能理解为只是简单满足评价标准中的绿色指标即可，而是应该依据地域性特征，选择与环境协调、与经济平衡的动态设计技术，而非单一的标准文案上的数字指标。

地域适宜性原则。绿色建筑的设计技术方案要体现出建筑所处地区的环境特点，以因地制宜的原则，建设重点突出、经济高效、人们广泛接受的绿色建筑。将建筑所处地域的气候环境做仔细的调查，充分利用地方能源条件（如大连市的风能），同时注意对当地主要能耗的节约优化设计，将技术因地制宜地运用到绿色建筑中，完成绿色建筑的经济效应最大化。另一方面，应慎重定度绿色建筑的选址地点。首先，要充分考虑建筑和环境的适应性，最大限度减少建筑对环境的影响，将建筑融入环境融入自然，使之与生态和谐共生。其次，在建筑选址时，应注意考察选址地点的地质状况、周围环境、风向与日照情况，尽可能把绿色建筑选址在健康安全、生态环保的地质上，保证建筑的绿色性能。

高效性原则。所谓高效性，是指在绿色建筑建设过程的每一个环节，都以较高的效率达成目标。高效性原则要求建筑公司对整个建筑项目有宏观把握，并建立高效的技术实施规范。高效性原则还体现在增加能源利用率，提高材料回收率，同样也体现在建筑的节能、节地、节水、节材等各个方面，从而达到降低成本的目的。

可持续发展原则。可持续发展原则应贯穿绿色建筑设计建造过程的始终。坚持可持续发展原则，能够提高人民大众对建筑的认可度，同时也是贯彻落实国家"十三五"规划的重要内容，为我国国民经济健康持续发展做出贡献。坚持可持续发展原则，可以体现在施工材料的环保可回收、建筑能耗的可再生、能源的高效利用、环境友好共生等方面。企业应该从源头把控绿色建筑的整体环保性能，并以坚持可持续发展为前提，将项目的全寿命周期与用户的寿命周期相结合，建造适宜人居住的优质的室内、室外环境，保证建筑的绿色性能。

五、地域性绿色建筑的应用设计分析

从地球能源危机向环境危机转变的过程中，人们也对建筑节能的认识经历了三个阶段变化：第一阶段，建筑节能，即在建筑中节约能耗、降低能量的输入。第二阶段，在建筑中保持能量，即通过降低建筑中热工消耗来实现建筑的能量保持。第三阶段，提高能量利用率。人类已不再是被动地减少能源的消耗，而是通过先进的科学技术手段，为用户提供低能耗高效的健康舒适的环境。绿色建筑是一个复杂空间结构和专业技术的组成集合，需要结合设计技术、施工应用、组织管理各层面共同协作来实现，其中技术研发对绿色建筑的发展起到了很大的支持作用。以下针对大连市对建筑的具体节能措施进行分析。

大连市位于中国辽东半岛最南端，西北濒临渤海，东南面向黄海，全年降水较少，与东北其他地区相比，气候较温和宜人，但仍具有明显的我国北方冬冷夏热的气候特征。除此之外，由于大连临海的地理条件，常年大风也是它非常显著的一个气候特征。笔者将结合大连市独特的气候特征和地理环境条件对基于大连的绿色建筑应用做出分析。

太阳能节能设计。太阳以核能为动力，提供取之不尽、用之不竭的可再生能源。随着科学技术的不断发展，人类对太阳能的探索和利用也取得了重大突破和长足进步。将太阳能应用于建筑为建筑提供能源，已成为各国追求节能环保和可持续发展目标的重要环节。太阳能节能设计主要体现在太阳能建筑一体化设计和被动式太阳能利用设计两方面内容。

太阳能建筑一体化，就是将太阳能热水系统作为建筑的标准体系引进建筑领域，从而达到节能目的的设计。太阳能建筑一体化主要是通过利用太阳集热器、太阳能热水器、太阳能温室、太阳能制冷空调等先进技术设备，来实现对太阳能的采集、储存和利用的。通过将可再生的太阳能源与建筑在同一系统中结合，完成太阳能与不可再生能源在建筑物中的替换，达到减少能耗、降低用户生活成本的高品位效果。

设计合理的太阳采暖系统，是指充分吸收太阳能量，通过热量循环系统将采集的太阳能传输至换热中心，并对热量进行储存，利用电子设备控制换热系统来实现对室内温度的控制和调节。这样，即使不是晴朗的天气，冬天、雨雪天也可以让用户享受到仅利用太阳能实现的，能灵活控制室内温度的舒适的居住环境。

由于大连市冬冷夏热的气候特点，建筑制冷供暖是建筑能耗中占比极大的一部分能源消耗。传统建筑一般是通过煤炭、电能等不可再生能源来完成室内温度控制的，这严重造成了环境的污染，也使资源消耗不堪重负。太阳能的节能设计就极大程度改变了人们利用非清洁能源制冷取暖的方式，减轻了环境和能源压力，也进一步降低了居民的生活成本，提供给居民健康舒适的生活空间。

此外，被动式太阳能利用也是有效提高建筑对太阳利用率的一种方式，这种利用方式是指通过对建筑的空间布局设计来实现对太阳能源的积极利用。被动式太阳能利用设计体现在有效安排建筑的平面布局、室内空间和门窗朝向，以及设计施工人员对建筑材料和建筑构造和合理应用。最简单的被动式设计是直接受益式，即太阳能通过对窗户的直接加热，将热量直接传进屋内，起到室内取暖的效果。目前，也有一些先进的技术对被动式太阳能设计进行改良，如在外墙涂无光深色的高吸收系数涂料，并加以密封玻璃覆盖。该处理可以提高外墙的蓄热能力，因此房间温度也较稳定，增强了用户的舒适度。

充分利用风能设计。风能是重要的可再生资源，是气候资源的重要组成部分。随着传统资源如煤炭、石油的日渐减少，对风能的开发利用显得意义重大。大连地处辽东半岛，三面环海，并且处于两大风能丰富带的交汇地带，风能资源极其丰富。在建筑热环境层面，风影响着场地总体布局、建筑群体的空间形态组织、单项建筑的位置朝向和开口设置、建筑外围护结构的热工设计等方面。设计提高建筑对风能的利用效率，主要从建筑的被动式风能利用和主动式风能利用两方面来考虑。

充分利用室外风压，可以带走夏季室内过度热量，调节室内热环境，从而提高用户的舒适度，并有效地降低了空调制冷的使用率，节约能源，保障了绿色建筑与环境的和谐关系。被动式风能利用即自然通风，是依据热压原理和风压原理对建筑进行组织通风，这里主要讨论热压通风系统设计。

热压通风必须满足两个条件：建筑物的进出口高差和室内外温差，二者缺一不可。楼道间的热压通风可以在夏季白天有效地完成通风换气，其工作原理是：建筑外窗经太阳照射，建筑内空腔升温，热空气上爬带抽出楼道间的废气，从而带走室内的废气和多余热量。在绿色建筑节能设计措施中，可以将楼道和屋顶相连贯通，并在屋顶设计类似风帽的构造形体，同时在楼顶外墙安装可受控制的百叶窗，用以设置其闭合与开启。夏季开启百叶窗，白天太阳加热楼道空腔内的温度，建筑室内的废气随热空气往上升，通过屋顶的风帽排到室外，房间内的废气和多余热量被带走，营造了健康舒适的室内环境；冬季关闭百叶窗，防止冷空气进入建筑楼内带走热量消耗，保证围护结构的保温效果。

主动式风能利用是指依靠风力发电提供建筑的运行能耗。风力发电的基本原理是：将风的动能转化为机械能，再将机械能转化为电能。这一过程由风力发电装置即风力发电组实现。风力发电设计在绿色建筑中的应用，主要形式是屋顶发电，就是在建筑屋顶安装风力发电机组。屋顶风力发电机一般选用小型、微风启动、噪声小、防雷电的机组，占用空间小，没有对风要求，因此不必考虑风向改变问题。大连常年风能富余，巨大的风能资源利用可以节约大量传统的燃料的使用，同时也缓解了环境污染问题。

外墙结构节能设计。在外墙节能方面的设计，主要考虑的是外墙结构的材料选择。以前常被使用的外墙材料烧结黏土砖，因为其消耗大量的土地资源和燃烧能源，被国家列为限制使用的产品。在建筑外墙材料选用上，应首要选择高效环保的材料。尤其是绿色建筑，从节材和资源利用效率方面考虑，提倡使用当地生产的材料，要求提高就地取材在新建建筑上的使用比例。从地域性方面考虑，选择环保有效的建筑外墙材料，不仅可以减少材料运输的能耗，还能节约资源，促进绿色建筑与生态环境的和谐。

就大连来说，常年的大风要求建筑外墙有良好的抗风能力，严寒的冬季也使外墙必须具备御寒保温的良好性能。以前外墙保温通常采用厚重砖墙和多重窗户的设计，减少冬季建筑内部热量的损耗，由此达到保温的目的。现在我们可以利用导热系数小的材料，加大建筑外围护结构的电阻，并通过合理的构造设计，在提高建筑内部保温能力的同时，也很大程度上减少了建筑外墙厚度，增加了建筑有效面积。不仅降低了环境污染、能源消耗，还在某种程度上符合了绿色建筑的节地标准。

采用新型环保的保温材料构造外墙，已成为当代倡导绿色建筑的强烈要求。现在广泛应用于建筑外墙保温隔热的材料主要有蒸气加气混凝土砌块、聚苯乙烯泡沫塑料板(EPS 或 XPS)、玻璃棉毡及超轻聚苯颗粒保温料浆、岩（矿）棉板等。外墙的绿色节能设计分为外保温、中保温和内保温三种形式。与其他两种形式的技术相比，外保温设计具有技术合理、使用效果好、性能良好的特点，成为国内外大力推广的建筑节能保温技术。外保温是将材料包于主体结构的外侧，施工添加一层保温隔热材料，不仅达到保温隔热目的，还可以起到保护主体结构、延长建筑使用寿命的作用；能够减少建筑结构的热桥，增加建筑的有效使用面积；同时该种设计可以消除冷凝，提高用户的使用舒适度。

高效窗户结构设计。窗户除了满足通风、透光、日照的要求外，还应该承担一定的保温隔热作用。传统窗户的热绝缘系数较墙体结构小得多，如果在冬季寒冷多风的北方地区应用，必定不能满足环保隔热的要求。对于采暖建筑来说，冬季室内热量的流失主要包括窗户玻璃的传热消耗和窗框缝隙冷空气的流入两部分。为此，窗户保温的节能设计就应该从以下两方面入手：一方面提高窗户玻璃的热绝缘系数，降低室内热量损耗；

另一方面加强窗框的密封性，有效减少冷空气的渗入，提高建筑的保温隔热性能。

研究表明，真空玻璃是应用于绿色建筑中节能保温隔热的理想材料。真空玻璃由两块平板玻璃构成，玻璃板之间用高度为 0.1～0.2mm 的支撑物阵列隔开，四周使用玻璃焊料将两片玻璃封接起来，其中一片玻璃上留有抽气孔，真空排气后用金属片将抽气口封住形成真空腔。真空玻璃的原片可以用普通玻璃，也可以用钢化或半钢化玻璃，为了提高热工性能，通常选用一片低辐射膜玻璃。真空玻璃能够有效减少室外低温对建筑的"冷辐射"，同时也能达到隔声和防结露的作用，且其寿命长、性能持久的优点，可以使之加大发展并广泛用于未来绿色建筑中。

给排水系统设计。虽然水是可再生资源，但随着人类数量的不断增长，水资源的耗用量巨大，加之水资源的分布不均匀，水资源短缺的地区面临严峻考验。增加水的利用率和减少水资源的浪费成为如今建筑节能设计的主要内容。

从优化结构设计方面，首先考虑管材和阀门，它们是给排水构造的关键组成部分。应选择性能良好、不易锈蚀的新型管材，如铝塑复合管，减少因生锈问题造成的水体污染和水资源浪费；阀门也应选择节水的材料，提高用水质量。其次是控制超压出流的问题。过高压力不仅会造成给水配件的损坏，还会造成水资源的极大浪费，因此设计合理的出水压力的限定范围尤为重要。

从提高水资源的利用率角度分析，主要有两方面的节水措施。其一是开发第二水资源——中水。中水是生产废水和生活污水经多级处理后再用于厕所冲洗、洗车和绿化等的回用水。中水的开发及使用可以在很大程度上节约不必要的水资源浪费，提高水的利用效率，是如今缓解城市巨大用水量的一项有效方案。其二是发展利用雨水，即将雨水汇集后，通过添加某些合格的药剂之后，使雨水符合人们日常非饮用水要求。雨水利用类似于中水处理，也能提高地区的水资源利用率。不过，由于大连降水稀少，可以不考虑。

屋顶构造节能设计。屋顶也是建筑外围护中重要的保温隔热结构，屋顶的绝热性能也会充分反映一个建筑的保温的好坏。屋顶能够全天候接收日照，使用传热系数小的构造材料可以减少夏季建筑的空调负荷，同时也减轻了冬季建筑的热量消耗。

另一方面，虽然对绿色建筑的理解不是单纯意义上的"绿色"二字，但是对建筑的绿化也是很重要并且必要的。绿化可以减轻污染，美化环境，增加建筑与环境、人与自然的和谐度，愉悦人们的身心，使用户更健康更舒适地生活。设置屋顶植被的绿色设计，不仅提高了建筑的绿化面积，增加了建筑的植被覆盖率，美化室外环境，还在一定程度上提高了屋顶的保温效果，同时还具有隔声减噪、净化空气、收集雨水等优点。绿色屋面设计，通常成本低、操作简便，可以在屋顶种植一些易成活、价格低、无须管理、适宜本地区气候的植物，如大连可以种植草类、乔木类植物；或种植观赏效果好、改善室外环境的植物。合理的屋顶绿化设计可以帮助促进绿色建筑的性能优化和整体与环境的和谐共生，在绿色建筑的设计中是必须存在的。

目前，我国在绿色建筑的探索研究和应用实践方面都尚未成熟，经验相对欠缺，如何解决全方位、多层次地进行科学的节能构造设计问题，是我国发展绿色建筑的当务之急。依据绿色建筑的核心理念，即节地、节能、节水、节材、环保，抓住绿色建筑地域性建设的关键，制定好宏观技术设计目标，以实现绿色建筑促进生态和谐、健康低碳、舒适自然的目标。此外，制约绿色建筑发展的因素不仅源于技术设计方面，还与其经济效益有重大关系。未来不仅要将绿色建筑设计技术大力推广，还应加大它的群众普及度，让绿色建筑积极、健康地走进大众，让更多的人感受并享受到它带来的优质生活。

第五节　绿色建筑装饰理念在建筑装饰中的应用

建筑装饰装修工程中的低碳工艺是指降低碳排放量来实现节能减排、降低污染、保护环境，做到可持续发展。建筑装饰装修中常见的低碳设计工艺主要是建筑的布局以及朝向和对能源的利用，尽可能选用可再生能源，实现能源的节约。本节根据笔者工作实践，对绿色建筑装饰理念在建筑装饰中的应用进行了分析。

根据有关数据显示，房地产业是典型的高排放产业，排放的碳量可达全国碳排放量的1/2。我国每平方米房屋建设释放出的碳量可以赶上0.8t煤燃烧释放的碳量。房屋使用会消耗巨大的能源，释放出大量的碳。想要做到环保节能，解决建筑行业的碳排放，必须详细了解建筑装饰低碳的标准以及相关的技术。

一、建筑装饰低碳的标准以及难题

《绿色建筑装饰装修工程白皮书》中规定，建筑装饰装修要本着节约能源、节约资源、保障人们的身体健康、保护环境的原则，为人类的生活提供一个舒适健康的居住环境。从目前的形势来看，实施低碳环保建筑有着相当大的难度，建筑行业的相关人员要克服建筑装修装饰设计中的种种困难，尽量减少碳的排放，做到低碳环保。主要困难体现在如下几个方面：第一，政策法规不够完善，目前，我国政府还没有做出相应的政策、法规来强制性要求建筑行业的行为。第二，低碳产品成本高，与市场的需求成反比，市场需求是发展低碳建筑的阻碍，人们还没有强烈地意识到低碳环保的重要性。第三，低碳建筑技术是一项难以在短时间内攻克的难题。有些建筑虽然在设计阶段使用了低碳设计，但是，实际施工中会因为某项技术存在缺陷而导致低碳设计不能运用，使低碳设计成了摆设。低碳建筑装饰市场的发展与我国政府的相关政策以及居民的主动性是不可分割的，这三者有着密切的关系，因此我国有关部门应当制定有关的政策进行约束，限定低碳型建筑的相关标准，大力提倡低碳环保的绿色建筑设计，宣传低碳环保的政策以及意义，从观念上改变人们对低碳绿色建筑的认识。

二、绿色低碳的常见工艺分析

以下对低碳工艺的三个方面做了详细的介绍。

建筑布局及朝向方面的低碳工艺。按照地理位置来看，我国的大部分地区主要分布的位置在中纬度部分。对建筑房屋布局进行设计首先要考虑周围的环境，其次要将自然气候等考虑在内，使布局对人们的生活不会产生太大的不良影响。在对房屋布局进行具体设计时，楼房的朝向应当朝向南北方向，楼与楼之间的距离要保持一致，且距离要选择合适。每栋楼都能有良好的通风和接收到充足的光照，这样就可以减少电气的使用，降低碳排放，用最原始方法减少碳的排放量。

能源的利用。建筑中需要的能源是多种多样的，为了能节省能源，降低碳排放，建筑中使用的能源应选择可再生利用的能源，缩减一次性能源的利用，实现能源的节约：第一，太阳能发电。太阳能可以转化成多种能源，利用太阳能电池板可以将光转化成电能。我国的领域是非常广阔的，所以可被利用的太阳能也是非常丰富的。广阔的领域为太阳能的利用提供了便利的条件。对目前建筑的装修调查，太阳能在建筑中已经得到了广泛的应用，利用太阳能发电可以达到节约能源的目的。例如在建筑的顶楼、小区的道路两旁都安装有太阳能电池板，白天将太阳能转化成电能储存在电池内，晚上可以用来实现照明。第二，太阳能供暖季温度调节。由于光电技术需要非常高的成本，太阳能经济实惠，可以利用太阳实现供暖。在建筑工程的装饰中对太阳能的热量进行利用是非常广泛的，可以为生活供水、采暖以及制冷。太阳能采暖技术主要是对太阳的热加以利用，将太阳产生的热能供给建筑，以此提高建筑室内的温度。在农村，为了平衡太阳能在各个季节的利用，通常采用太阳能烟囱，太阳能烟囱不仅可以供暖，还可以增加室内的通风。该烟囱主要是利用热空气上升的原理，达到通风的效果，调节室内的温度。第三，地热能源的建筑利用。室内供暖可以通过地源热泵提取地下水的热量来实现。

外墙保温生产工艺。目前市场上的保温材料主要是聚苯板，但聚苯板经常受外墙材料的影响，有一定的使用限制。目前最好的外墙保温材料是聚氨酯，聚氨酯有很好的保温效果，并且具有非常高的强度，但是价格昂贵，阻碍了聚氨酯的发展。如果建筑外墙利用石材，保温效果就会大大提高，但是石材使用价格昂贵。建筑用保温石材，并在石材外刷一层涂料，保温效果就会大大增加，而且其使用寿命也会被大大延长，可以被延长 10～20 年，而且在多层楼房中使用效果会更好。

选择建筑绿色装饰材料。建筑中用到的节能器材是多种多样的。例如玻璃在建筑中的使用，据相关的数据显示，玻璃门窗能够散失掉整个使用能耗的 35%～45%。所以，改变门窗的严密性可以有效减少能源的散失。玻璃在建筑中的主要作用是采光和隔热。节能玻璃的标准是夏天可以隔热，冬天可以保温。目前市场上主要是真空透明玻璃，在节能的性能上有很大差距。但是，软膜的出现解决了这个问题，其使用为寒冷地区做出了相当大的贡献，耗能比真空玻璃少，只占到真空玻璃耗能的 60%。建筑材料的正确选择是降低能耗的关键所在。

由于人们的生活水平越来越高，在建筑装饰方面要求也越来越高，尤其是在建筑的天花板上，美观度是其最为关键的基本要求之一。针对原先的装饰工艺而言，最为突出的特点就是费时以及繁重，难以与现代装饰的实际需求相适应。这些不良的缺陷也随着软膜装饰的应用逐渐被消除，有效地构建了立体装饰效果。软膜装饰的高效性能主要包括了优良的节能环保性能，这个特点在节约电能方面展现得淋漓尽致，该节能性能的主要原理集中展现于对软膜天花特殊表面的设计上，该设计工艺能够有效扩散光线，进一步使灯具的损坏量得到有效控制；优良的隔音性能，越是处于繁华的城市生活之中，人们越来越想要得到一个安静、舒适的居住空间，软膜天花板可以充分地对人们的需求进行满足。尤其是在一些建筑装饰的过程中，由于建筑间的距离间隔较小，人们在隔音效果的要求上也就较高，而软膜天花板本身就具有特殊成分，能够高效地对声音进行隔绝，自然而然作为了一种有效的隔音材料之一，进一步帮助人们营造一种独立、安静的生活空间；优良的绝缘性能，软膜天花板的主要生产原料就是绝缘材料，鉴于此，可以知道软膜天花具备较强对电流进行阻断的作用；优良的保温性能，由于软膜天花板本身就具有较高的密度，对热量的散发进行改善之余，还能对有害气体进行消除，也能对细菌的侵蚀进行有效的阻断。

如今，应用胶粘剂成为装饰行业中必不可少的材料，胶粘剂产品中的无甲醛类粘剂受到人们的推崇，主要是因为其本身具有较高的绿色环保性能。在实际装修过程中，应用的胶粘剂包含甲醛较少，属于 EVA 液体胶，也正是因为污染程度较小，其被称作环保型胶粘剂，进一步削减了污染环境的程度。

目前，我国建筑装饰装修工程的节能环保问题还非常突出，低碳环保的道路还要走很长一段，建筑的节能环保不仅需要大量的资金投入，还需有专业的技术支持，需求大批量的技术性人才。建筑的低碳环保事业国家也非常重视，并给予了大力的扶持。在国家政策的扶持下以及建筑人员的努力下，低碳环保的相关技术已经有了突破，相信在将来，建筑的低碳环保一定可以实现。

第六节　绿色建筑施工管理及在建筑施工管理中的应用

近年来，随着国家生态环境政策的提出，绿色施工理念受到社会各界的广泛关注。在绿色施工管理理念下进行创新能够有效地降低能源和资源的浪费，从而保护生态环境，提高建筑工程管理水平。本节对绿色施工管理理念在建筑施工管理中的应用进行了研究，以供大家参考借鉴。

建筑行业作为一个资源消耗型行业，传统建筑施工模式，浪费了大量资源，同时对环境也造成了较大污染。在建筑行业蓬勃发展的今天，建筑行业需要与时俱进，积极响应可持续发展、节能减排等发展理念，方可实现可持续发展。可见，绿色施工管理理念下的建筑施工管理尤为重要。

一、绿色施工管理理念的主要特点

在进行工程施工管理的过程中，需要落实绿色施工理念，这就需要相关管理人员明确其主要特点。首先，是一体化特点，在进行施工实践过程中，我们可以得出结论，绿色环保材料的应用使整体施工效果得到了提升，并且能够满足机械设备使用数量的控制。在进行原有的施工建设过程中，通常会使用单一化的功能性设备作为主要的施工辅助，与此不同之处是绿色施工管理理念则是主要采用多功能型的机械设备作为主要的施工辅助。信息化时代的来临，能够通过人工智能来逐渐代替施工现场的数人员和设备应用数量，降低能源消耗，节约建设成本，同时还能起到保护环境的作用。其次，是系统化的特点。在进行工程建设的过程中，需要进行系统化方案的制定，绿色施工系统化主要的表现就在于施工组织可以通过施工准备环节，来自由地进行施工方案的设计，在传统的施工过程中更好地实现环境保护工作，机器设备投入的减少也能够达到节能减排的目的。与此同时，在施工管理方案的制定过程中，需要将局部的施工环节管理作为主要的建设内容，充分地体现出绿色施工对整体建设效果的显著提升，因此，工作开展的过程中，我们需要以提高系统综合管理性为主要的建设目标，尽可能地实现建筑自然与人之间的协调发展。最后，是信息化发展特点。绿色施工管理理念的应用主要是通过信息化来实现的，工作人员能够通过对动态参数的控制和管理，来保证建筑工程的科学性，运用全新的机械性设备来提高建设速度，绿色施工信息化发展的主要特点就在于信息资源的整合以及信息资源的合理分配，工作人员在这一工作内容推行的过程中，需以低碳环保的理念为主要基础。

二、绿色施工管理理念在建筑工程施工中的应用

控制施工用地。在建设施工过程中，诸多临时设施会占用周边土地，从而影响施工地周边的自然环境，建筑施工过程中，对周边土地资源的占用项目包括临时办公设施与预制围栏等，其中，临时居住设施与施工材料堆放所占土地面积最大，也是施工用地控制的主要内容。在施工期间，需要结合实际规模所需与现场条件，在绿色施工方案的指导下，控制临时设施的占地面积。进行临时设施建设过程中，应立足于用户与周边生态环境视角尽量缩小施工对周边环境的影响。

选择绿色环保施工材料。建筑绿色施工时，原材料的选择作为一项重要工作，其直接影响到后续施工质量。由于现阶段人们安全意识的增强，建筑材料选择，除了符合国家安全标准之外，还需要建材具备绿色环保特性。只有这种材料建造出来的建筑，才能为人们提供一个安全舒适的生活环境。除此之外，建筑施工人员职业病也是建材选择中需要重点考虑的问题之一，建材施工使用中，不可对施工人员身体健康产生危害。因此，在选择施工材料时，还需要选择有害物质相对较少的绿色环保材料才行，以此保证后续建筑施工突出绿色环保理念。

强化施工过程污染控制。施工过程污染控制主要包括以下几个方面：

泥浆污染控制。在建筑工程施工中的土石方施工阶段，泥浆污染较为严重。因此，务必要妥善开展泥浆污染的控制，而控制的核心则在于有效阻止泥浆外流，具体可以通过合理优化初始阶段的施工工艺来实现，如对泥浆实施固结以防止泥浆外流，进而将泥浆污染造成的危害降到最低。

施工扬尘控制。在建筑施工过程中，往往会产生施工扬尘，给周边市民生活带来了诸多不便，同时也对周边环境造成了恶劣的影响。因此，务必要妥善控制施工扬尘，具体来说：可以采取以下措施：通过合理布设围挡将扬尘控制在一定范围内；通过在施工现场淋水降尘，有效将扬尘高度控制在允许范围内；对现场材料采取覆盖等防扬尘措施；在场区入口处设置洗车槽等，在车辆离开场地前必须清洗运土车辆，避免将厂内泥土带出场外导致环境污染，还需安排专人并设立站点清扫车辆的运输路线。

光污染控制。就建筑工程来谈，光污染主要来源于施工中的电气焊作业，由于建筑工程中一般会包含大量的电气焊作业，进而会引发强烈的光污染，对操作人员乃至周边环境都造成了恶劣影响。因此，务必要妥善控制光污染。具体来说，可以采取以下措施：对电焊采取遮挡措施；采用俯视角的大型照明灯具，避免强光干扰周边居民；合理布设维护网，有效控制电气焊作业的亮光波范围。

噪声污染控制。噪声污染也是施工过程中的重要污染之一，包含运输车辆的行驶噪声以及施工机具的运转噪声。其对周边市民造成了严重的干扰，因此务必要将噪声污染控制在允许范围内。

能源消耗控制措施。建筑施工需耗费大量资源，基于客观角度而言，资源的消耗是必然的。然而在实践中，建筑施工伴有大量能源浪费问题。因此，在建筑施工建设中，需重视能源消耗方面的管理，避免出现严重的浪费现象，借此促进建筑施工经济效益的提高。首先，在施工机械选择上，需结合工程施工建设需求，选择能源消耗较低的施工机械。其次，施工全过程中，一旦出现了施工机械损坏或者故障问题，需组织相关技术人员及时排查故障，并予以有效措施，保证施工机械处于正常工作状态，可最大限度提高施工效率，减少能源的浪费。除此之外，施工单位需加强现场施工人员节约能源教育，促使其形成节约能源的习惯。只有这样，才能真正有效改善建筑施工能源浪费的局面，促进建筑施工效益的提高。

综上所述，在进行工程施工的过程中落实绿色施工管理理念，不仅能够顺利地完成施工进度，还能够提高施工质量，满足人民的绿色发展需求。为了实现这一工作内容，需要在传统的建设理念上进行创新和优化，同时，还需要结合实际施工情况来进行绿色施工方式的选择，充分地发挥建设应有的价值，促进我国建筑事业的稳定发展。

第五章　生态建筑概述

第一节　生态建筑表皮设计

生态建筑表皮设计要求以实现生态环境的可持续发展作为基本原则。其中低技术的应用更有助于生态建筑表皮设计理念的实现，在建造过程中采用低技术能够尽可能地保护自然环境，从而最大限度地把建筑融于自然；在实际设计过程中主张利用最适宜的技术手段，从而达到能满足生态性的目的。

一、生态建筑表皮设计原则

生态建筑表皮设计涉及面广，牵扯因素比较多。因此在实际设计过程中就需要进行全盘考虑，要考虑到可行性，同时还要考虑对环境造成的影响。具体的原则主要有以下几项。

（一）实现功能原则

这是生态建筑表皮设计的基础。在设计过程中，必须以建筑的功能、建造的目标为出发点进行设计。同时，由于设计者通常运用多层表皮组合的方式来实现功能目标，因此，设计者应考虑整体功能最优化问题，对构成多层表皮功能的不同构件进行科学协调处理，尽量协调好各构件之间的矛盾关系，努力使各构件组合起来的功能能够大于单个构件功能的总和，在各个构件系统能够发挥出其最大功能同时还能做到相辅相成。

（二）保护自然生态环境原则

生态建筑表皮设计与传统建筑表皮设计最为典型的区别就在于，生态建筑表皮设计更加重视对自然环境的尊重与保护，正是因为这种意识才产生了生态建筑这样一种新的建筑类型。具体在设计过程中就是要能够正确处理建筑同环境之间的关系。对于建筑的朝向、选址、气候、地形等因素进行充分考虑。对于可再生能源应该充分利用，自然能源的使用不仅有利于墙壁、屋顶防热等，还可以有效降低建筑成本。在选择材料的时候要尽量采用环保的、可循环使用的材料，在选择技术的时候应该选择那些具有地域特色的技术。对于土地资源也应该进行合理的开发规划，要进一步节约用地。

（三）弹性原则

弹性原则是一项非常重要的原则，从生态的概念来看，它并非是一成不变的。生态建筑的弹性具体表现在对绿色节能设备和对生态建筑结构的灵活把握上。坚持弹性原则，这就要求我们在实际工作中要做到以下几点：一是应该充分考虑建筑的成长性，具体表现为预留地基基础、预留周边发展环境以及预先考虑表皮的承重等。对这些方面都应该进行科学考察。二是应该充分考虑建筑的可更新性，它主要指的是应该选择便于对建筑进行保养、修葺、更新的表皮。选择这样的表皮也是出于实用性的考虑。三是应该充分考虑建筑的耐久性。这点主要体现在建筑材料上，建筑材料的耐久性将会直接影响整个表皮的性能。为了保证表皮的质量就应该选择那些耐久性较强的建筑材料。

（四）美学原则

建筑本身是要以美的形式表达出来的，生态建筑表皮设计本身也是一种艺术的体现。为了能够体现出建筑的美就需要坚持美学原则。这是建筑的高层次要求，建筑之所以能保存下来，一大部分的原因源于它被认为是艺术，它的美学价值超过了其实用功能，建筑物艺术之所以能够得到升华也就在于此。在生态建筑表皮设计过程中坚持美学原则就是要使得使用者精神愉悦，同时还应该有助于建筑物情感的表达。这样才能够真正满足实际要求。

（五）合理建造原则

合理建造原则是人们在实际工作中摸索出来的一项非常重要的原则。所谓合理建造具体指的是要选择合适的材料、合适的技术以及形式表达的真实性。同时，为了满足实际要求，在工作中就要能够做到具体情况具体分析，尽可能地表达出设计的构思，真正表达出建筑的时代精神，把形式同建筑风格和地域性相融合，最终形成一种功能性、地方性的形式。

二、生态建筑表皮设计的影响因素

在生态建筑表皮设计过程中，涉及面广，其影响因素也非常多。对这些影响因素就应该进行充分考察。只有真正全面充分地考虑这些影响因素才能够实现科学有效地设计，这些影响因素具体表现为以下几个方面。

（一）材料

材料同建筑表皮设计之间也是有着密切联系的，对其功能的实现发挥着关键作用。从当前生态建筑表皮所使用的材料来看有传统材料和非传统材料，呈多样性。其中传统材料主要指的是木材、清水混凝土以及石材等，非传统材料主要指的是直接采用太阳能电池板作为建筑的表皮，对于这些不同形式的材料应该对其进行科学分析。此外，不同材料之间的协调配合将直接影响到材料整体功能的发挥，为了充分发挥材料的作用使整体功能最优，对于相关的建筑材料应该符合多元性原则，只有这样才能够形成完整的表皮建筑层，进而实现自然采光、保温隔热等功能。

（二）绿化

随着时代的发展，人们环保意识的提高，绿化系统越来越多地被建筑设计所考虑，绿化系统所发挥的作用也越来越受关注。垂直绿化是一项非常有效的措施，通过采用这样一种措施，一方面是能够美化环境、净化空气；另一方面就是能够有效地遮挡阳光直射，降低室内温度，节省能源损耗，同时起到降低噪声、抵挡风沙的目的。

（三）规划与实用性

在生态建筑表皮设计过程中规划是非常重要的一个环节，规划是否科学合理将会直接影响到生态建筑表皮的性能。一方面生态建筑表皮的设计不能够影响并破坏周边的生态环境；另一方面对于建筑表皮形式美和实用性之间也要进行正确处理，要以满足实用性为前提，在此基础上再追求形式美。

（四）技术条件

技术条件是影响和限制生态建筑表皮设计的一项重要因素，技术条件好坏将会直接影响到整个生态建筑表皮的性能。低技术、高技术和适宜技术是三种不同的技术条件，在这三种技术条件下应该采用相对应的策略，这样才能够取得实效。从低技术条件来看，它主张在传统建筑构造技术基础上根据资源环境的具体要求来改造重组再利用，强调就地取材，因地制宜地选择技术等。从高技术条件来看，其典型特点是高成本、高效益以及技术导向性比较强，在实际施工中强调采用先进的材料、较高的技术和管理水平。从适宜技术条件来看，这是一项能同当地自然、经济社会相对应的技术条件，是能够取得最佳综合效益的技术体系。

三、生态建筑表皮设计建议

（一）对建筑形体的重塑

在实际工作中生态建筑表皮能够实现对建筑形体的重塑，从当前的实际情况来看，对建筑形体的重塑已经成为生态建筑表皮设计的一项重要内容。

异形体型。异形体型通常是要受到建筑独有的地段的限制的，通常情况下为了能够满足自然采光、自然通风等要求，在工作中往往是要利用异型表皮形态来呈现出独特的体型。如北德清算银行和伦敦市政厅是最为典型的异型体型。

坡屋面。坡屋面是一种新型形态，对于这样一种形式也应该引起重视。从坡屋面的设计来看，戴维·劳伦斯会议中心是个典型代表，其垂曲面的坡屋顶设计是出于自然通风的考虑。

（二）比例和稳定

在实际设计过程中对生态建筑表皮的比例和稳定性进行深入分析有助于提升表皮性能。比例的设计将会直接影响到性能，进而影响到其稳定性。

所谓比例，主要指的是建筑物整体和局部的比例关系。在生态建筑物中表皮通常是由多种表皮材料组成的，为了能够满足需要这些表皮材料往往需要利用一定比例关系布置才能使其具有美的形式。此外，生态建筑表皮尺度实际上是关系整个表皮的性能的。适宜的尺度往往能够给人以舒适、美好的享受。尺度本身可以分为正常尺度、夸张尺度和亲切尺度。阿拉伯世界研究中心是正常尺度的代表，该建筑从控光功能、自然采光以及适当尺度等方面来看都是和图书阅览需求相适应的，其中采光控光构件可以分为大、中、小三个层次。最大的比人面部要大，最小的则只有巴掌大小，均在人体可控范围，即所谓正常尺度。德国柏林国会大厦是夸张尺度的代表，大厦中的遮阳构件同高大的玻璃穹顶相匹配，这样巨大的尺度运用更加彰显了建筑的庄严与宏伟，散发着建筑物功能所带来的严肃气氛。

稳定性。稳定性是表皮的基本性能，同时也是形式美的重要法则。在形式上，通常人们认为上轻下重、上小下大的物体，才是具有稳定感的，可是从当前情况看，现代建筑中以框架结构承重已成为主流，表皮往往只是承受自身的重量。这实际上最终将能够形成一种均一的建筑表皮形式。有些条件下甚至可能出现上中下轻的表皮形式。同时，生态建筑表皮是否稳定主要是由生态建筑表皮构件决定的。

（三）对称和均衡

对称和均衡是重要的形式美法则，实现建筑生态表皮的对称和均衡是进一步设计的重要目标。生态建筑表皮设计中的对称和均衡主要受构成表皮的各种功能构件和连接构件的对称性和均衡性的影响。这些构件的对称和均衡主要表现在两个方面。一方面是基于安装的要求和受力的需求，这往往需要设计成对称形状。另外一方面就是此类构建往往是在满足其功能和固定连接的基础上从而进一步对其形式来进行设计的。

单种构件以工业化生产为主，能够从本质上满足人们对表皮的匀质性追求，同时也实现了表皮的对称与均衡。在工作中应该看到生态建筑表皮中有部分构件是并不连续的布满表皮的，对于这类构件而言同样应该以一定方式从而实现表皮的对称与均衡。总地来看，生态建筑表皮设计过程中，各种构件都是可以采用对称的分布方式的。比如遮阳板、反光板等都可以实现。

（四）对比和调和

在生态建筑表皮外层采用的材料既不透明同时也不是格栅类的时候，往往需要对同一层面上的材料来做对比调和处理。首先，是要看轻重材料。不同材料的视觉轻重及形式对比主要是要各种材料从形式上来进行调和。其次，是要看色彩的对比调和。应该看到在生态建筑表皮中，不同构建或者是不同材料往往是具有不同色彩的，当这些不同色彩的材料或者是构件并置的时候往往就会产生对比。色彩或明或暗，或炫丽或素雅，因此对比更为鲜明。最后，要看自然肌理表皮同人工材料表皮的对比调和。生态建筑表皮中植被是典型的自然肌理表皮，这种表皮同人工材料表皮并置的时候往往就会形成强烈对比。

在技术不断发展的背景下，各种新型材料和节能技术也将会不断出现，这样就会使生态建筑表皮的形式构建和空间设计变得越来越丰富。建筑师发挥的余地也将会更为广泛，自我调节、多层表皮也将会成为未来发展的方向，对于表皮如何表现则由使用者来控制，本土化特征也将表现得更为明显。

第二节　城乡规划设计中的生态建筑

本节概述了城乡规划设计的内涵，对城乡规划设计中生态建筑的重要性进行了说明，重点分析和探讨了城乡规划设计中生态建筑的运用，以供参考。

在城乡规划设计时，生态环境建设质量的提升，能够促使城乡发展和人们的生活水平提升。生态环境建设逐渐成为我国发展中长期关注的目标，同时其也能够对现阶段国内丰富多彩的民族特色以及不同地区的优良传统等内容有效反应。而生态建筑也逐渐成为历史发展的必然趋势，对于当前自然和经济社会发展都具有比较重要的意义。

一、城乡规划设计概述

城乡规划主要涉及空间、经济与资源多个方面，目的是为了提升城乡整体的发展，改善人们的生活。城乡规划需要根据地域、环境等因素，进行全方位、多角度的合理布局。另外，进行城乡建设时，倡导生态理念，在满足经济发展的同时，保护生态环境。

二、城乡规划设计中生态建筑的重要性

生态环境对人们生活和城乡建设等方面都具有比较重要的影响，生态环境能够对地方特色和民族传统等方面内容有效反应，同时人们对生态环境的态度也在不断变化和发展，生态建筑学的形成也是历史发展中的必然，对人类聚居环境的完善是其主要的任务内容，进行自然和经济发展以及社会和谐之间的综合效益思想是其主要目标。在环境认知发展的过程中，人们也在不断对环境进行关注和重视，经济的发展使得城市快速扩展的情况日益凸显，而其中存在的环境污染问题比较严重，这就需要人们不断对环境问题加以关注和不断解决，使用生态建筑学方面的知识内容对城乡生态危机问题有效培养，需要对多种学科加以有效研究。

三、城乡规划设计中生态建筑的运用

（一）建筑环境规划

生态建筑设计即建筑要结合生态环境、地理环境以及文化与经济，影响建筑发展和产生的重要因素是技术。建筑环境的规划在现代建筑中极其缺乏，在古代建筑物上有所体现。认真观察古代的建筑物，在它们的身上都会体现出建筑形态对环境相适应的特征。在古代，人们在规划时就会将房屋建筑设计与生态建筑相结合，但经过社会改革，建筑的传统观念被淡化，导致环境的破坏度不断加强。

（二）建筑设计与建筑技术

总而言之，城乡规划和生态建筑密不可分，生态建筑的建设在城乡规划中有着重要的意义，有利于城乡规划的可持续发展，因此，在城乡规划设计中应注重生态建筑。

（三）建筑绿化

不但要对建筑物本身进行设计，建筑物周围的环境也是设计范围内的工作。对环境加以绿化有许多优势：绿化能够保护建筑环境，如植被形成的绿茵可以将太阳的辐射掩盖，绿色的墙体能够防止地面的反射热量，起到调节温度的作用；可减少并防止噪声所带来的污染。还有一种方式是垂直绿化，可以有效将生态结构不平衡以及高层建筑能量消耗高等问题解决到位。

（四）风环境设计

没有合理的布局建筑物，会使住宅区部分地区的气候恶化。风环境与再生风环境已经成为规划师与建筑师关注的重点问题。但是可能是预测外界风环境的技术手段还不太发达，建筑师在规划住宅功能时，很多都会把美观设计、建筑平面的功能布置以及如何利用空间作为设计的重点问题，很少关注高层建筑中空气流动对居民的影响。

（五）自然通风

我们要坚持可持续发展的道路，把建筑技术往生态化方向发展。建筑设计要坚持走可持续发展道路、节约资源、保护环境，合理利用再生的资源，对不可循环利用的能源不支持过度利用。从生态建筑设计自身分析，就是一种生态化的设计，建筑当中的设计、材料、规划以及技术都要和生态结合起来。合理开发高新技术来节省资源、开采新的可再生能源、保护环境，合理运用建筑区域自身的可再生资源进行建设，降低对不可再生资源的利用率，利用可再生能源中的风能、太阳能、海洋能、地热能、生物能、核能以及氢能来推动建筑生态化环境的发展。在技术层面上也要实行生态化的举措，通过信息技术和计算机技术的利用来实现。

（六）防止"热岛"现象

住区周围的气流流动和建筑物周围的辐射系统等都会对建筑物的热环境产生影响。由于受到建筑布局、建筑密度、建筑用材、水景设施和绿地率等设计因素的影响，住宅外的温度可能会发生"热岛"现象。为了减少"热岛"现象，进行合理的建筑布局设计，将屋顶和水晶设置的更加绿化美观是非常必要的。

（七）日照、遮阳与采光

住宅的热环境也受到了夏季热辐射和太阳直射的影响，同时也在很大程度上对居民的心理感受产生了影响。遮阳能减少室内的热辐射量和阳光直射的幅度。较为有效的方式是结合当地的自然环境条件，经过准确地计算，分析单体住宅与住区的建筑布局间的日照、遮阳与自然采光，看其是否符合遮阳与日照的标准要求。

（八）对住宅区防止噪声、控制污染的设计

在设计生态建筑时，防噪声系统的设计也是非常重要的。同时也应该增加对污染控制的重视程度。合理的分布绿化的区域，保持气流在建筑外界的流动，就会改善室内的空气质量。在最初进行生态建筑设计的时候，设计工作者必须调查和检测施工的场地，查看当地的环境污染与噪声有没有达到标准要求，若是没有达到标准要求，就要制定有效的措施来改变住宅的外界环境。比如在噪声污染超标情况非常严重的时候，我们可以采用双层玻璃来减少噪声污染，同时也不会对自然通风产生影响。

（九）太阳能利用

太阳能热水技术产业化发展速度最快的，就是居民使用的太阳能热水器。此外，还建成了太阳能空调示范工程，而太阳能光辐发电技术还在起步时期。太阳能热水器因其制造成本低、操作简单等优点而得到了广大老百姓的使用，建筑师也将太阳能热水系统考虑到了住宅设计中，减少了二次投入与安装的情况。

自然通风是调节住宅建筑环境最经济有效的方法，而建筑物的三维空间设置于立面设计、平面布局等都会对自然通风产生重要的影响。在建筑设计前期将这些影响考虑进去，住宅所遇到的空气质量与热舒适度等问题就会得到有效的解决，而且不用住户再投入任何资金就能拥有一个健康的居住环境。

第三节　传统民居中的生态建筑思想

在当代生态理论及思想尚未出现的早期，许多原生态民居和地方建筑中就已经包含了一定的生态建筑思想，早期民居所采用的空间布局、建筑材料、构造技术等，就是人们顺应生态环境发展的产物，包含着比较朴素的生态建筑思想。

生态建筑，就是把建筑当作一个完整的生态系统，通过有序的组织建筑内外的各种要素等方式，使各种物质和能源在内部进行有秩序的循环转换，获得一种高效低耗和生态平衡的建筑环境。

国外对生态建筑的研究较早，始于20世纪60年代，以R·卡逊的《寂静的春天》为标志，发展至今，在理论研究和实践上都取得了相当大的成果。国内从20世纪80年代开始，随着与国外学术交流的增多，生态建筑与可持续建筑的理论研究也逐渐受到重视，但建筑实践大多应用在示范性或地标性的建筑中，距离普及和推广还需要一个漫长的过程。

中国自古崇尚自然，认为万物皆有规律。"天人合一"思想强调人与自然的和谐共生，与当今倡导的生态思想具有一定的相似性；"风水学理论"强调建筑和自然的结合，它的许多理念与现代的生态建筑设计观一致。在生态理论及思想尚未出现的时期，各地原生态民居和地方建筑中就已经包含了一定的生态思想，早期民居所采用的空间布局、建筑材料、构造技术等，就是人们顺应生态环境发展的产物。本节以中国几种比较有代表性的地方民居为例，探析中国传统民居中的生态建筑思想。

云南地处中国的西南部，属于人类文明发祥地。高原山地纵横起伏，气候兼具低纬气候、山原气候、季风气候的特点，有 25 个少数民族。特别是受自然条件和经济技术条件的影响，在千百年的历史发展中，众多的少数民族结合自己的民族文化和传统，根据居住环境的特点，发展了独具特色、丰富多彩的民居和古建筑，其中许多民居都体现了朴素的生态建筑思想。生活在西双版纳的傣族喜依山傍水而居，山林中竹子茂密，促成该地特色的"干阑式"竹楼。竹楼以粗大的竹子为骨架，竹编为墙，楼板选用木板，屋顶覆盖茅草，屋内也采用竹子家具。底部架空，利于通风防潮。该地的太阳容易造成眩光，要求建筑墙体在保持通风性能的同时，又要避免过大的窗洞口。竹编的墙缝通过柔和的阳光，在保证良好通风的同时又避免了眩光。这种建筑形式不仅仅是顺应当地气候环境的产物，也逐渐形成一种地方文化符号。

陕西也是重要的人类文明发祥地之一，陕北黄土高原地区属干旱大陆性季风气候区，夏热冬冷、植被稀少，该地的黄土质地均匀，具有胶结性、不易坍塌，同时土质易于挖掘，窑洞因此而诞生，这种房屋既节省建筑材料，又冬暖夏凉。陕北窑洞在生态理念上充分体现了因地制宜和经济节约，黄土隔热和蓄热功能良好，除门洞口部位相对薄弱以外，其他各面全包裹在厚厚的黄土层中，室内温度变化很小。建造窑洞不需要大量的破坏植被，建造过程中顺着山势布局，与自然生态面貌协调一致，形成一幅和谐相处的生态景观。

作为山东胶东半岛的特色民居，海草房主要分布在山东胶东半岛的烟台、威海、青岛等地，沿海地带为多山的丘陵地形，季风性气候温暖湿润。为了符合当地的环境，海草房的选址大多背山而建，主要朝向为南向，同一村落的海草房通常连排建造，相邻的房子共用一面山墙，这种做法既降低了建造成本，也有利于形成团结和睦的邻里关系。海草房基本取用当地的材料，包括海草、木材、石材、秸秆等，海草含有大量的卤和胶质，不易燃烧，可以防虫蛀、防霉烂，是非常理想的建筑材料。海草房适应了当地夏季多雨潮湿、冬季寒冷风大的气候特征。海草房屋顶的整体性较好，一层一层压实覆盖，有非常好的保暖与抗风性能，居住舒适。

　　东北林区的木构民居简单却极坚固。建房时首先要在地面挖沟，然后横着嵌入圆木，然后将一根根凿出榫卯的圆木一次交错咬合，又称"井干房"。屋顶的木瓦片虽然粗糙，但纹理顺畅，易于排水，虽然容易变形，但更换方便。冬日屋顶白雪覆盖，屋檐挂满冰溜，室外寒风刺骨，室内在炉火的烘烤下温暖如春。夏天南北通透的窗户通风顺畅，十分凉爽。

　　整体分析，从上述几种传统的民居中，能体现出以下几个生态建筑的特征。

一、建筑与自然共生，人与环境并重

　　传统民居多顺应生态环境而建，充分体现"以人为本"和"以环境为本"，充分考虑居住者的感受，重视周围环境对使用者身心健康的影响，加强建筑的自然采光、通风，合理地进行空间布局等，都是在进行生态建筑设计时需要充分考虑的要素。

二、能源高效利用和低污染

　　传统民居建筑多采用天然的建筑材料，尽可能提高材料利用率，避免浪费，利用尽可能少的资源投入来换取建筑的最大使用价值，避免或减少建筑对周围环境造成的负面影响和破坏。充分节约资源和保护环境，这些都应该贯穿于建筑的整个生命周期中。

三、融于历史与地域的人文环境

　　地域对于生态建筑来说，不只是存在的前提，同时也是其基本出发点。对建筑来说，地域影响要素主要包括两个方面的内容：首先，是环境中的实体要素，即地理特征、气候等；其次，便是环境中的非实体要素，即风土人情、历史文化传统等，这些因素都会对建筑的空间和形式等造成很大的影响。成功的生态建筑，不仅要充分结合当地的生态环境，也要与当地的地域文脉和历史人文紧密联系。

　　除了上述传统民居中所体现的生态思想之外，生态建筑要求人们不能单纯的以经济增长速度来衡量社会发展，更应该注重经济发展的质量，注重经济的生态价值，把经济增长与自然环境有机的结合。只有如此，在进行建筑活动时，才能将生态理念融入其中，为人们提供更好的物质和精神生活空间。

第四节　生态建筑空调暖通技术

生态建筑是随着可持续发展概念的提出而产生的,使人们的居住环境能够实现节能、环保,满足社会发展的需要。空调是现代建筑空间布置中重要的部分,有一些环境问题是有空调所引起的,因此暖通空调随着科学技术的进步而出现。空调暖通技术的广泛应用,为人们提供了方便清洁的饮用水系统和冷热水系统,有效地解决了人的发展与保护环境之间的矛盾。生态建筑的发展离不开暖通空调系统的作用,本节从实际情况分析了生态建筑空调暖通技术,为人们提供一个更加舒适的居住环境,不断提高人们的生活质量。

随着社会的不断发展,空调逐渐广泛应用于大家的日常工作与生活中,给人们带来了舒适的环境。随着人们自身素质的不断加强,逐渐地认识到节能和环保的重要性。在享受着空调带来舒适体验的同时,也要提高对空调能耗的重视程度。对于空调系统合理设计、优化选型等,在保证空调效果的前提下,进一步实现空调能耗的减少。建立一种生态的平衡,让暖通空调在生态建筑中发挥更大的作用,实现低能环保,不但满足新时期人们的要求,还能提高空调运行的经济性。

一、生态建筑应用空调暖通技术的重要作用

生态建筑空调暖通技术的应用能够提供有效的冰蓄冷低温送风系统,更加具有环保性,提高室内空气质量。目前人们对生活环境舒适度的要求不断升高,低温送风可以为人们提供新鲜的空气,降低室内空气湿度。随着植物的栽培能力有所提高,建筑室内逐渐向水景化的方向发展,当前有很多生态建筑物内部都设置了喷泉等水景,不但更加具有环保型,还能够充分显现暖风空调的设计优势,发挥暖风空调的性能,因此这种系统在空调设计中得到了更加广泛的应用。另外,应用空调暖通技术能够有效提高室内空气质量,为室内增加更多的新鲜空气,使室内空气污染程度大大降低。同时要派工作人员定期清理热湿交换设备,注意定期清理过滤器,保证过滤步骤的正常进行,提高其工作效率。

二、生态建筑空调暖通技术

（一）建筑热电冷三联供技术

当前这种技术值得深入推广，可获得更高的能量利用率，具有较高的节能效果和经济价值。目前，天然气是城市中非常重要的能源，建筑热电冷三联供技术，通过大型建筑自行发电，是先由燃气发电，再用发电后的余热供热和制冷。通过这种方式提高了用电的可靠性，有效解决用电负荷，有效地解决供热和空调的能源问题。

（二）蓄能空调技术

该项技术是比较熟悉的，许多蓄能空调工程，并不能直接实现节能的作用。可以将一部分高峰电负荷转移到低谷，即移峰填谷，进一步提高发电厂的一次能源利用率，还可以降低电力生产规模。在实际应用中我们能够得出蓄能空调是一种广义的节能措施，在空调过程中发展蓄能技术，在一定可以程度上缓解电力紧张的状况。

（三）变流量技术

暖通空调系统是按照不利的气象条件设计的，在实际的应用中，空调在一天内不断变化的负荷不大于实际负荷。所以在绝大部分时间内，水和空气作为冷和热的载体，在负荷发生变化的情况下而变化。动态的控制系统流量，才能满足暖通空调质量的要求，节省能耗，实现最大限度的节能效果。

（四）排风余热回收技术

通过热回收装置可以实现新风与空调排风之间的热交换。夏季，室内空气的湿度低于室外新风的湿度，达到使新风的温度、湿度都降低的目的；冬季，与外界相比空调排风的温度要高很多，同时排风的湿度高一些。在排风出口安装热交换器，采用排风和新风不同的通道间接触换热，利用余冷来预冷新风，来回收排风余热。

（五）热泵技术

一般情况下热泵主要以大自然中蕴藏的低品位热能为热源，使用压缩机吸取其中蕴藏的大量较低温度的热能，提高后传给高温热源。经过对这项技术的研究我们能够得到热泵技术具有很大的优势。它是目前最节省一次能源的供热系统，可以长期大规模地把低温热能利用起来，并且它在一定条件下可以逆向使用。能够用少量不可再生的能源将低温热量提升为高温热量，这项技术具有高效的节能效益、社会效益。

三、生态建筑空调暖通技术实现节能的有效途径

（一）合理设计

按照严格的要求对暖通空调的设计，结合实际情况采用规范的技术手段，认真安装和调试每一个系统，促使预期功能的实现。系统的选择设备，因为一个完整的空调系统对空调系统的节能性有着重要的影响，重视每一个环节，合理设计暖通空调系统。在设计方案的过程中，应将节能作为主要目标。以空调系统为例，合理选择设计中冷热源，合理配备主机容量，合理设计新风系统，使空调达到节能的效果。比如冬季，增加辐射热要根据热湿环境的研究成果，一般情况下需要的空气温度可下降至13℃左右，使室内空气加热实现人体与环境的热湿交换，达到节能的效果。

（二）加强日常运行的管理

在室内余热和余湿量经常变化的情况下，室外气象参数应该随着季节的变化而变化，空调系统应及时做出相应的调节。否则将会很难满足现代建筑设计的要求，严重浪费冷量和热量，导致室内参数发生严重的波动。我们必须要提高重视程度，加强日常运行的管理，全面考虑运行调节问题，不但要满足室内温湿度的要求，还要确保经济运行目的的实现。必须依靠自动控制技术，来提高空调设备的调节质量，这时空调房间温湿度设计参数可以有一定的波动范围，同时在暖通空调系统运行的过程中，以水泵、风机来输送介质，减少能量的消耗。采取相应措施，认真进行水系统各环路的设计计算，保证各环路水力平衡。还可以使用变频调速水泵，达到非常明显的节能效果。

综上所述，现在人们的物质生活有了很大的提高，环保和节能越来越受到重视。尤其是空调能耗在新时期的大型建筑体中所有能耗中占有非常大的比例，生态建筑中空调节能措施的重要性越来越明显，因此，我们应该树立环保节能理念，尽可能地开发和利用可再生能源及新能源，提高空调暖通技术的水平，以获得最优的节能效果，实现人与自然的和谐相处。

第五节　生态建筑技术的适应性

我国的资源短缺以及环境污染问题日益严重，人们生态保护观念逐渐强化，环保产品在市场上受到了消费者的一致青睐。对于建筑行业来说，生态小区也成了居民购买的热点，反映出人们内心深处已经树立了较强的生态意识。不过，对于建筑行业来说，对

生态建筑的研究却较为滞后。关于生态建筑技术以及工艺的研究依旧处于起步阶段，很多方面都是借鉴国外的一些先进技术与工艺，还未能建立起和我国适宜的生态设计方法。国内生态建筑成功案例不多，很多的建筑均是打着生态建筑的旗号，却未能达到生态建筑的要求，仅仅是房地产开发企业炒作的一种手段。之所以会出现上述问题，主要是我国目前还没有形成具有较强适应性的生态建筑技术理论以及方法。依照发达国家生态建筑技术理论与方法进行生态建筑的设计，非常的方便，不过我国的国情却不适合。发达国家采用的生态建筑技术一般技术较为复杂，而且建设过程中成本花费大。但是，我国目前依然属于发展中国家，在经济、技术以及科技等方面还和发达国家存在较大差距。所以，应当研究与我国国情更为适宜的生态建筑技术，确保生态建筑技术具有较强的适应性，确保我国生态建筑得以快速发展。

一、生态建筑技术获取的途径

（一）模仿生物的生态建筑技术

在建筑技术的发展过程中，在很多方面均受到了自然的启示。生物在长期的生存过程中，自身的各种机能得以完善，能够适应自然环境的变化，才能得以生存。建筑工程要是可以拥有和生物相似的一些性能，便能够很好适应环境，达到可持续发展的目标。所以，在生态建筑技术的获取过程中，吸收生命系统的运转规律，把这些规律应用在建筑工程的设计之中，使之逐渐发展为生态建筑技术，确保建筑工程能够和自然环境更加协调。生态建筑技术能够从不同的角度对生物加以模仿，无论是生物形态、结构或者运动方式等，均能够运用到建筑设计之中，这样便能够让建筑工程拥有和生物相似的一些优势，实现建筑工程和生态环境和谐共存的目标。

（二）模仿机器的生态建筑技术

在生态建筑设计过程中，最重要的目的是为了能够实现能源节约以及资源节约，无论是应用哪一种技术手段，均希望能够获得最高效率，机器则是高效率的代表。在进行机械设计过程中，遵循的重要原则便是效率最大化，同时，机械设计领域一些非常成熟的工艺技术，也恰恰是生态建筑需要的技术，如空气过滤技术以及降温技术等。所以，在获取生态建筑技术的时候，通过模仿机器，能够取得意想不到的效果。随着信息技术以及智能化技术的不断发展，机械设计也逐渐地向着智能化、自适应性以及高度可调性方向发展。所以，在生态建筑技术模拟机器的过程中，模拟对象也不再是僵硬并且冷漠的机器，越来越多的模拟智能、可调节性机器，智能化生态建筑随之产生。

（三）模仿传统建筑的生态建筑技术

在传统的建筑之中，有不少方面均体现出了生态理念，应用到了可持续发展的理念。传统的建筑技术也不是凭空产生的，其是人类在长期生活与生产过程中积累的一些经验结晶。传统建筑技术很多都是依照自然规律逐渐形成的经验总结，和现代化建筑技术对比而言，传统的建筑技术更加尊重自然，更重视和生态的和谐统一。传统的建筑工程就地取材、因地制宜，此种理念与方法和生态建筑技术的节能降耗、尊重环境理念恰好契合。所以，模仿传统建筑，对传统建筑中的技术进行深入挖掘，吸取传统建筑技术的经验及方法，可以为生态建筑技术体系的建立提供可靠保障。

二、生态建筑技术与适应性的关系

生态建筑技术的复杂性以及经济性因素会影响到生态建筑技术的适应性。要想确保生态建筑的建设目标能够最终实现，应当拥有一定的技术支撑，技术拥有的复杂程度，将会在很大程度上影响到该种技术被接受以及传播的情况。一些较为简单的技术，因为更加容易被人们学习与掌握，因此该种技术也拥有较为广泛的应用范围。但是，一些相对复杂的技术，在进行学习以及应用的过程中，均存在较大的困难，由于客观条件限制，导致此种技术应用范围会相对窄。例如，现阶段高技术生态建筑应用到的技术工艺较为复杂，还要进行大量的实验以及数值分析，通常建筑师都不能全面掌握与该项技术有关的知识，导致高技术生态建筑在实际工程项目建设中仅仅代表了一种口号，基本上没有应用在实际工程建设中。

另外，生态建筑技术适应性还与经济性存在紧密联系。一般较为简单的技术，所需的成本相对较少，较为复杂的技术，所需的成本相对较多。技术从根本上讲属于劳动形态，其和人类的活动存在直接性联系，技术行为几乎都是经济行为。在建筑工程建设的过程中，选择建筑技术时，很大程度上会受制于经济条件。要是生态利益与经济利益出现不一致情况，经济性因素便显得尤为重要。尤其是对于我国这样属于发展中的国家来说，因为社会、经济、科技发展水平不高，在技术、材料以及资金等方面都不够健全，要是采用技术水平非常高的技术来建设生态建筑，存在较大的困难。所以，通常情况下会采用一些经济性更为优良的中等技术以及低技术。就算是在发达国家，一些一般性质的建筑工程，对于技术的经济性要求也非常高，通常不会采用成本较高的技术。

三、提升生态建筑技术适应性的策略与途径

如果想保障我国的生态建筑行业能够稳定、健康发展，最为重要是要选择更为适宜我国经济发展情况的一些生态建筑技术，并加以推广应用。我国社会、经济、科技的发展拥有两个非常明显的特点：其一，我国属于发展中国家，整体来说经济发展水平与科技发展水平均不高，很多区域的经济状况依旧属于欠发达状态；其二，我国的经济发展非常不均衡，我国的东部沿海区域，社会与经济均发展到了相对高的水平，但是，我国的西部地区，大部分都发展缓慢，经济与科技发展速度依然处于相对低的水平。所以，在进行生态技术的适应性研究中，还应当制定出更加符合我国实际国情的生态建筑技术发展策略。首先，应当重点研发中等技术以及低技术，让生态建筑技术的成本更低，在实际应用中更为便捷，确保此种生态建筑技术能够广泛地应用到一般性建筑工程建设施工中。其次，对于一些经济相对发达的城市，逐步推广高技术生态建筑，这样不仅能树立良好的榜样，发挥巨大的宣传以及推广作用，还能确保我国的生态建筑技术水平不断发展，再将高水平的生态建筑技术不断推广应用，有效地减少建筑工程建设中的资金投入，并推动生态建筑技术的发展。

四、基于适应性的生态建筑技术实际应用分析

（一）项目简介

某建筑工程所在区域地势平坦，工程的总建设面积为 18 061 m²，要建设为甲级写字楼工程。该建筑工程拥有非常优越的地理优势，主要体现在以下几方面：该建筑工程地处城市中心区域，周围交通十分便利，和火车站距离非常近，而且周围主干道与城市二环线路连接，附近有几条较大的商业街，还有文化街区，拥有浓厚的商业氛围，同时也拥有一定的文化氛围。

（二）生态建筑设计策略

此次设计的原则是多功能性、紧凑性以及紧密联系性，这样的设计原则更加符合未来写字楼工程发展的要求。进行建筑设计时，利用绿色生态建筑技术，确保建筑工程的生命周期成本有所降低，设计过程中重视建筑技术选择、材料选用、自然通风以及景观设计，确保建筑工程能够更加适应当地气候环境特征，可以更有利于实现生态建筑的设计目标。建筑物基础设施设计与建设过程中，更加重视对当地资源以及再生材料的应用。

（三）雨水回收利用设计

利用生态建筑技术，构建雨水收集、处理和再利用系统。系统设计的原则是确保在进行雨水处理的过程中，尽可能少的消耗能源，不仅有效的提升雨水综合利用率，同时还要确保废水排放到城市污水管网之前能够达到排放标准。在雨水回收利用系统的构建过程中，应当根据坡度不同，充分利用地表植被的过滤作用，建立完善的、节能的雨水回收利用系统。

（四）隔热材料应用

该建筑工程的窗结构，采用了断热铝合金框架结构，在窗户结构的框架之中，加设有硬尼龙隔断层，保证了窗户结构拥有的透风系数达到 0.33m/h，隔音性能超过 40 dB。窗户的玻璃材料是应用低辐射中空氩气玻璃材料，这样的材料不仅拥有较好的透光性，能够确保在气温较低的季节获得充足阳光，同时还能够有效地阻隔室外辐射，确保气温较高的季节有效地隔离外部热量。同时，在窗户结构中还加设了陶土百叶和玻璃幕墙。

（五）自然通风设计

建筑工程的向风方向，加设了一些通风百叶，而且建筑中庭栽种了较多的绿色植物。若是外界空气流通至中庭结构位置时，由于受到绿色植物的作用，能够有效地吸收空气中的热量，降低空气温度。另外，空气还会向楼梯间流动，从而产生"烟囱效应"，更加有利于建筑物内部的节能。

由于我国属于发展中国家，生态建筑技术的经济性会对适应性产生较大影响。生态建筑技术对生物的模仿以及对机器的模仿较为复杂，也要求要具备相对高的经济技术，比较适宜应用在一些发达区域。而通过挖掘传统建筑中的生态设计方法以及经验等，构建更加适应我国国情的、完整的低技术体系，从而确保生态建筑能够实现普及。

第六节　人性化的生态建筑设计

本节探讨通过使用当地的材料，配合完全现代化手法，灵活运用适宜的技术，对建筑进行经济上可行的生态设计，使普通人可以享受高质量的、可持续的生活环境。

一、"原生的"与"适宜技术"的生态建筑设计

（一）"原生的"生态建筑设计

在形成之初，建筑就是人类活动的内在机制同自然环境相互联系、相互作用的逻辑

结果，因此，其本身就包含了内在的"生态精神"。这些建筑通过直接的、单纯的与自然的接触，有着朴素生态概念。人们通常不自觉地运用着当地的材料、技术，并考虑当地的气候、风向等，建筑的创造出于人类征服自然、适于自身的需要，同时也受制于自然。在"人是短暂的，而自然是永恒的"这样的中国传统思想下，中国的传统建筑不论从材料的使用上还是选址和布局上都体现着现代所谓的生态精神。这样的建筑从建设、使用和毁灭三个阶段都不会对生态环境有所破坏，值得现代建筑学习。当然原生的生态建筑也有局限性，它们通常内部功能组织简单，难以适应现代生活。尤其在我国，目前生产力水平和经济水平还处于发展阶段的大背景下，除了个别实验性质的生态建筑之外，大部分对生态建筑的摸索也处于"原生的"状态。

简单说，原生的生态建筑设计是在节约经济和低技术的条件下，不用或者很少用现代的技术手段来达到生态化的目的。然而，此类建筑的节能效率和可持续性都不甚理想，缺乏普适性，同时，停滞不前的生态技术，并不是可持续的生态观。因此，考虑将现代的生态技术运用到普通的建筑设计中去，即本节提到的"适宜技术"的生态建筑设计。

（二）"适宜技术"的生态建筑设计

适宜技术（Appropriate Technology）最早由诺贝尔经济学奖获得者 Atkinson 和 Stiglitz 在 1969 年提出，其原意是"Localized learning by doing"，也就是地方性的边干边学。从建筑设计的角度，它提出发展中国家和地区不能一味照搬和模仿发达国家已经用过的技术，从而满足自身发展的需要。同样的，"适宜技术"的生态建筑，主要指的是根据当地实际情况，侧重建筑技术的适宜性、高效性，通过普遍的建筑设计手法，精心设计建筑细部，提高对能源和资源的利用效率，减少不可再生资源的耗费，保护生态环境；同时有选择地借鉴当地建筑文化传统和技术，使建筑具有一定的地方特色，实现技术的人文提升。

二、生态建筑设计从"原生的"向"适宜技术"转变的必要性

（一）生态技术与经济性的互动

建筑技术随着时代与科技的进步而进步，同时也根据经济的发展而发展。到如今，我们所面对的是资源环境问题的全球性和地区经济发展的不平衡性之间的矛盾。"中国作为发展中国家的代表，以整体上低水平的、快速的发展，拥有低素质的庞大的人口群体，以及对西方生活方式的迷恋和追求，正在形成一种高度浪费和污染型的生产和生活方式。"目前，中国建筑业物质消耗占全部消耗总量的 15% 左右，建筑能耗约占全部能耗的 28%，建材生产、建筑活动造成的污染约占全部污染的 34%。我们已经意识到这种

可怕现象的危害，因此提出了可持续发展的建筑方式。

经济的落后导致技术的落后，建筑设计在某种程度上也反映着当地的经济状况。"原生的"生态建筑在经济上是足够节省的，却不足以体现当代的发展。在现代化、城市化的进程和全球化的浪潮中很难广泛展开，而在中国真正有着较高技术含量的生态建筑凤毛麟角，经济上的因素也是很大一方面。要追求可持续发展，盲目建设大量的高技术的生态建筑也是不合国情的，因此，提倡"适宜技术的"生态建筑设计迫在眉睫。

（二）生态建筑设计与社会需求的互动

在历史的长河中，我们可以看到，建筑反映着人类的需求，同时它反作用于社会，通过对生活方式和环境的对比与分析，唤起人们的行为。早在古希腊，神庙的建设加强并支持了当时社会民主化的思想，巴洛克建筑以其丰富的三维空间唤醒了社会对自由的意念，日本住宅的小尺度也是对日本社会的模仿与反映等等。这些实例说明建筑有助于人们适应日常生活的需求和环境的改善，同时，建筑也能对社会的可适应性要求做出形式的反映。在当今"可持续发展"的全球大主题下，建筑的回应就是进行生态建筑设计。原生的生态建筑设计显然落后于人们社会的需求，而适宜技术的生态建筑设计的提出更加恰当。

（三）人性化的生态建筑设计

众所周知，现代建筑产生的思想根源在于"以人为本"。如果偏颇地来看，如今对自然的破坏归结为"以人为本"这种自私的理念。于是有人提出生态建筑的出发点是"以自然为本"。这样看来，生态建筑与现代建筑成了对立的概念，其实不然。建筑自产生以来就是为人服务的。"人—建筑—自然"是构成建筑世界的三个要素，其中人是第一位的。生态建筑将三者融合，重视人与自然的和谐关系，是人们征服自然、改造自然过程的一部分。它尽可能利用建筑物当地的环境特色与相关自然因素（比如阳光、空气等），使之符合人类居住，并且降低各种不利于人类身心的任何环境因素作用，同时，尽可能不破坏当地环境因子循环，并尽可能确保当地生态体系健全运作，目的还是为了人类拥有更好的生存环境。

"原生的"建筑设计由于技术的落后性，有时也会有违背生态设计的问题。例如，在对当地材料的使用上，就如同我们过去常用的黏土砖，黏土砖一直以来都是传统的、使用广泛的建筑材料，与混凝土比起来它的人工性能要好得多。然而，烧制黏土砖破坏了大量的良田，使原本肥沃的土地变成荒凉。这样看来，对地方材料的使用也许正在破坏着当地的环境。这一点使我们不得不反思，并且要去探寻新的手段、新的技术来把这些朴素的、原生的生态建筑思想加以进化。适宜技术的生态建筑设计强调技术和社会、经济、艺术的整体平衡，在关注建筑设计和施工的同时，去关心社会、考虑当地社会发展的本土性和当代性，体察大多数人的需求，为普通大众构筑可持续的生态环境。

三、生态建筑设计从"原生的"向"适宜技术"转变的可行性

实现适宜技术的生态建筑通常有三种手法：一是将传统技术进行改造；二是将先进的技术改革、调整以满足适宜技术的需要；三是进行实验研究，直接效力于适宜技术。在此以上海生态建筑示范楼为例，分析适宜技术的生态建筑在上海的可行性和发展。

原生的技术手段。上海地区传统民居最典型的平面布局是以内院为中心，这当然是和中国人的生活方式一脉相承的。由于用地有限，住宅由原来的三开间退化为一开间，内院也随之越来越小，形成了天井。合院的形制已经不复存在了，天井却因为能有效改善整个住宅的小气候而沿用下来。房屋的进深过大时，利用天井，既有了适当的采光面，又能减少夏日的日照；通过天井能将建筑底部的风拔上来，有利于建筑内部的空气流动。

改造后的适宜技术手段。从狭小的天井到宽敞明亮的中庭，顶上盖有透明的玻璃天窗。不仅保留了其通风的效果，而且改善了原来天井阴暗的状况，使这幢办公楼能达到天然采光。为了让南北两楼共享阳光，在设计布局上，整座楼南低北高，冬天，阳光从中庭的天窗射入，能够照到北面办公室。通过玻璃天窗开启角度的随意调整，只要天气晴好，白天几乎用不着开灯，有效地节省了能耗。

人们很早就发现门窗对开的形式能够造成"穿堂风"。一套住房内不同方位的房屋之间有流畅的气流，就能形成穿堂风。穿堂风对夏季散热是比较有效的方式。另有一个比较有特色的就是"老虎窗"了。"老虎窗"是英语 roof window 的音译，顾名思义是开在屋顶上的窗，其目的是为了增加阁楼的采光和通风。充分利用天然采光，其通风的效果类似于"烟囱效应"。

第七节　旧建筑改造设计中的生态建筑理念

随着时代的不断发展进步，近年来我国各行业都得到了长足的发展。尤其在进入 21 世纪以后，信息化技术的影响范围不断扩大，从而推动很多行业的快速发展。建筑行业作为推动我国经济发展的主要支柱之一，其发展速度也在不断加快，由于近年来我国生态环境遭受了一些破坏，并且建筑行业本身的发展也需要做出转型，生态建筑因此成为备受关注的思想理念，也在日益增多的旧建筑改造等建设项目中得到了较为广泛的应用。

本节将结合笔者的实践工作经验，就旧建筑改造设计中的生态建筑理念研究这一问题展开阐述，以供参考。

一、关于旧建筑改造设计中的生态建筑理念研究现状分析

随着经济社会的快速发展，信息技术进步促使全世界各国交流沟通日益密切，各行业也得以与世界广泛接轨。近年来，在我国的城乡建设规划中逐步融入了生态建筑理念，不再一味"大拆大建"，如何对现有的旧建筑进行合理有效更新就成为必须面对的重要课题，引起了业界的广泛关注。生态建筑理念的融入将促使我国经济社会步入可持续发展的良性循环，它能有效缓解目前我国的生态环境压力，对于正常的生产、生活等也不会产生过多的负面影响，也可以进一步推动我国建筑行业更好、更快的发展。但是由于在实际应用中，旧建筑改造中采用的技术手段未能与理念更新相匹配，导致整体的改造效果并不理想，而且对生态建筑理念的理解、运用还存在生涩或不足，也在一定程度上影响了建筑行业的发展。

二、在旧建筑改造设计中应用生态建筑理念的优势

（一）能够促进建筑行业与经济社会的可持续发展

在旧建筑改造设计中融入生态环保理念具有多方面的优势。融入生态环境理念，可以进一步促进建筑行业的可持续发展。旧建筑改造是社会发展的客观需要，对旧建筑进行改造，不但可以对城乡建筑环境进行有效更新，提升城乡环境面貌，更能带动经济、产业的发展。同时在旧建筑的改造项目中充分考虑生态环保因素，除了可以促使建筑产业健康持续发展下去，也可以在一定程度上保证经济社会协调稳定的发展。

（二）可以有效缓解目前我国生态环境的压力

城市由于交通繁忙，人口密集，污染源众多，生态环境质量本就受到了较大影响。而在相当多的建筑项目中，一般做法大都缺乏生态理念，在改造过程中也会造成大量的污染物，不仅影响了城市的空气质量，也会对周边居民以及施工人员等造成身体健康方面的损害。所以，在旧建筑改造设计中融入生态环境理念，可以对城市的生态环境起到一定的缓解作用，进一步推动城市和谐健康发展，实现有序更新。

（三）可以进一步推动建筑行业的发展，提升我国的经济发展水平

建筑行业作为推动我国经济发展的主要行业之一，近年来发展规模不断扩大。随着产业转型等因素对城乡建设规划的影响不断扩大，对现有旧建筑的改造也成为建筑行业

的重要工作任务，在改造设计中融入生态理念，不仅可以降低改造过程中部分成本的投入，还可以减少对生态环境的破坏，并为施工人员提供一个良好的施工环境。所以，生态建筑理念目前已经成为建筑行业的一个发展趋势，并将推动我国建筑行业发展走向了一个新的高度，对我国经济社会发展也将会产生积极的影响。

三、旧建筑改造设计中的生态建筑理念研究改进策略分析

（一）取传统建筑观念之精华，去其糟粕

在旧建筑改造设计中融入生态理念，需要注意以下几个问题：首先，取传统建筑观念之精华，去其糟粕。在旧建筑的设计中会有很多优秀理念与成果，其与现代社会的发展依然可以相适应，比如"天人合一"的建筑观等传统建筑思想内涵，对现当代的建筑理念依然能够产生积极影响，因此需要我们对建筑发展史和现状进行分析理解，对于其中的优秀部分需要继承发展，同时对于其中的糟粕就需要将其舍去。其次，在各行各业快速发展的新时期，先进的建筑设计理念层出不穷，因此在对旧建筑进行改造的过程中，对于一些优秀的传统建筑理念要进行创新和改进，不能全盘照搬，泥古不化，而需要与时俱进，消化吸收。

（二）追求社会、经济、生态发展的平衡

追求社会、经济、生态发展的平衡。对于一个国家来说，没有哪方面的发展是最重要的。尤其在进入到21世纪以后，我们越来越清醒地认识到，生态环境已成为制约经济社会发展的主要因素之一，所以在国家发展战略层面上，需要用全局的眼光看待问题，注重各行业协调发展。在对旧建筑进行改造设计的过程中，融入的生态理念，也就需要从追求社会、经济、生态发展的效益平衡出发。

（三）尊重地理差异性，从而更好地满足更多消费者的需求

地理差异性主要表现在地域差异以及人文差异两个方面。地域差异主要指南北方的气候不同，所处地理环境不同，由于我国地域广阔，南北气候等因素差异较大，从而导致南北方在建筑理念与发展水平等方面存在很大差异。因此在对旧建筑进行改造设计的过程中，不能搞"一刀切"，造成"千房一面"乃至"千城一面"，要充分考虑差异化的需求因素。另外在人文差异方面，我们需要在改造设计中尊重不同民族的文化差异和地区风俗、社会生活特点，这样才能更好地满足消费者的不同需求。

四、关于旧建筑改造设计中的生态建筑理念研究前景分析

关于旧建筑改造设计中的生态建筑理念研究前景分析主要从两个方面展开具体的阐述。一方面，旧建筑改造设计的方法以及手段需要进行创新与改进，而且目前我国在此方面的技术相对于发达国家而言还存在一定的差距，所以需要不断加强对其先进技术经验的学习，取其精华，为我所用，从而进一步实现设计技术方面的新突破。另一方面，生态理念的融入也需要相关企业加强对其的贯彻与应用。生态环境已成为制约我国经济健康发展的主要因素，所以解决建筑行业对生态环境造成破坏这一问题是非常迫切的。

本节对关于旧建筑改造设计中的生态建筑理念研究现状及前景进行了具体的分析，并且对旧建筑改造设计中的生态建筑理念应用的优势进行了介绍，并提出了相应的改进策略。为了推动我国建筑行业更好的发展，需要针对目前建筑行业发展中存在的问题做出积极地改进与调整，而且随着我国建筑行业的发展趋势不断向好，更需要加强对其核心技术的创新与改进，始终坚持生态环保理念，解决好城乡建设规划与生态环境保护之间的矛盾，才是未来建筑行业乃至经济社会整体实现良性发展的必由之路。

第六章 生态建筑仿生设计

第一节 生态建筑仿生设计的产生与分类

一、建筑仿生设计的产生

建筑仿生是建筑学与仿生学的交叉学科。为了适应生产的需要和科学技术的发展，20世纪五六十年代，生物学被引入各行各业的技术革新，而且首先在自动控制、航空、航海等领域取得了成功，生物学和工程技术学科结合渗透从而孕育出一门新生的学科——仿生学。1960年9月，美国空军航空局在俄亥俄州的戴通召开的第一次仿生学会议，标志着仿生学作为一门独立学科的诞生。在建筑领域里，建筑师和规划师也开始以仿生学理论为指导，系统地探索生物体的功能、结构和形象，使之在建筑方面得到更好地利用，由此产生了建筑仿生学。这门学科包含了众多子学科，如材料仿生学、仿生技术学、都市仿生学、建筑仿生细胞学和建筑仿生生态学等。建筑仿生学将建筑与人看成统一的生物体系——建筑生态系统。在此体系中，生物和非生物的因素相互作用，并以共同功能为目的而达到统一。它以生物界某些生物体功能组织和形象构成规律为研究对象，探寻自然界中科学合理的建造规律，并通过这些研究成果的运用来丰富和完善建筑的处理手法，促进建筑形体结构以及建筑功能布局等的高效设计和合理形成。

建筑仿生设计是建筑仿生学的重要内容，是指模仿自然界中生物的形状、颜色、结构、功能、材料以及对自然资源的利用等而进行的建筑设计。它以建筑仿生学理论为指导，目的在于提高建筑环境的亲和性、适应性、对资源的有效利用性，从而促进人类和其生存环境间的和谐。在建筑仿生设计中，结合生物形态的设计思想来源深远，与建筑史有着紧密的联系，它为建筑师提供了一种形式语言，使建筑能与大众沟通良好，更易于接受，满足人们追求文化丰富性的需求。建筑仿生设计还暗示建筑对自然环境应尽的义务和责任，一栋造型像自然界生物或是外观经过柔和处理的建筑，要比普通的高楼大厦或是方盒子建筑更能体现对环境的亲和，体现人们对自然的关心和爱护。

二、建筑仿生设计的分类

建筑仿生设计一般可分为造型仿生设计、功能仿生设计、结构仿生设计、能源利用和材料仿生设计等四种类型。造型仿生设计主要是模拟生物体的形状颜色等，是属于比较初级和感性的仿生设计。功能仿生设计要求将建筑的各种功能及功能的各个层面进行有机协调与组合，是较高级的仿生设计。这种设计要求我们在有限的空间内高效低耗地组织好各部分的关系以适应复合功能的需求，就像生物体无论其个体大小或进化等级高低，都有一套内在复杂机制维持其生命活动过程一样。建筑功能仿生设计又可分为平面及空间功能静态仿生设计、构造及结构功能动态仿生设计、簇群城市及新陈代谢仿生设计等。结构仿生设计是模拟自然界中固有的形态结构，如生物体内部或局部的结构关系。结构仿生设计是发展得最为成熟且广泛运用的建筑仿生分支学科。目前已经利用现代技术创造了一系列崭新的仿生结构体系。例如，受竹子和苇草的中空圆筒形断面启发，引入了筒状壳体的运用，蜘蛛网的结构体系也被运用到索网结构中。结构仿生可分为纤维结构仿生、壳体结构仿生、空间骨架仿生和模仿植物干茎的高层建筑结构仿生四种。能源利用和材料仿生是建筑仿生设计的新方向，由于生态建筑特别强调能源的有效利用和材料的可循环再生利用，因此它是建筑仿生设计未来的方向。

第二节　生态建筑仿生设计的原则和方法

一、建筑仿生设计的原则

（一）整体优化原则

许多在仿生建筑设计上取得卓越成就的建筑师在设计中非常强调整体性和内部的优化配置。巴克敏斯特·富勒集科学家、建筑师于一身，很早就提出："世界上存在能以最小结构提供最大强度的系统，整体表现大于部分之和。"他执着于少费多用的理念创造了许多高效经济的轻型结构。在他思想指引下的福斯特和格雷姆肖通过优化资源配置成就了许多高科技建筑名作。

（二）适应性原则

适应性是生物对自然环境的积极共生策略，良好的适应性保证了生物在恶劣环境下的生存能力。北极熊为适应天寒地冻的极地气候，毛发浓密且中空，高效吸收有限的太阳辐射，并通过皮毛的空气间层有效阻隔了体表的热散失。仿造北极熊皮毛研制的"特隆布墙"被广泛地应用于寒冷地区的向阳房间，对提升室内温度取得了良好的效果。

（三）多功能原则

建筑被称为人的第三层皮肤，因此它的功能应当是多样的，除了被动保温，还要主动利用太阳能，冬季防寒保温，夏季则争取通风散热。生物气候缓冲层就是一项典型的多功能策略，指的是通过建筑群体之间的组合、建筑实体的组织和建筑内部各功能空间的分布，在建筑与周围生态环境间建立一个缓冲区域，在一定程度上缓冲极端气候条件变化对室内的影响，起到微气候调节效果。

二、建筑仿生设计的方法

（一）系统分析

在进行仿生构思时，首先要考虑自然环境和建筑环境之间的差别。自然界的生物体虽是启发建筑灵感的来源，却不能简单地照搬照抄，应当采用系统分析的方法来指导对灵感的进一步研究和落实。系统分析的方法来源于现代科学三大论之一——系统论。系统论有三个观点：系统观点，就是有机整体性原则；动态观点，认为生命是自组织开放系统；组织等级观点，认为事物间存在着不同的等级和层次，各自的组织能力不同。元素、结构和层次是系统论的三要素。采用系统分析的方法不仅有助于我们对生物体本身特性的认识与把握，同时使我们从建筑和生物纷繁多变的形态中抓住其共同的本质特征，以及结构的、功能的、造型的共通之处。

（二）类比类推

类比方法是基于形式、力学和功能相似基础上的一种认识方法，利用类比不仅可在有联系的同族有机体中得出它们的相似处，也可从完全不同的系统中发现它们具有形式构成的相似之处。一栋普通的建筑可以看成一个生命体，有着内在的循环系统和神经系统。运用类比方法可得出人类建造活动与生物有机体间的相似性原理。

（三）模型试验

模型试验是在对仿生设计有一定定性了解的基础上，通过定量的实验手段将理论与实践相结合的方式。建立行之有效的仿生模型，可以帮助我们进一步了解生物的结构，并且在综合建筑与生物界某些共通规律的基础上，开发一种新的创作思维模式。

第三节　生态造型仿生设计

在大自然当中有许多美的形态,如色彩、肌理、结构、形状、系统,不仅给我们视觉的享受,还有来自大自然的形态效仿给予我们的启发。建筑师对自然景观形态的认识,不断地丰富建筑的艺术造型,因为住房环境需求在不断地提升和变化,建筑造型的要求也在不断地增加,对自然界的美丽形态进行观察和利用,大自然拥有建筑造型取之不竭的资源,进而我们的生活和大自然之间的联系就更加的紧密。

一、仿生建筑的艺术造型原理

有一些鸟使用草和土来建造鸟巢的方式和很多民族建筑的风格相似。建筑学家盖西以为造型形态体现的方式就是聚合、连接、流动性、对称、透明、凹陷、中心性、重复、覆盖、辐射、复加、分开和曲线等。

(一)流动性

这是动感的曲线与自然界之间的密切联系。例如,在动物进行筑巢的时候,更加倾向于曲线的外形。这就体现出动物会出于本能的将其内部的空间和其活动与生活习性相结合。这样运动和空间之间的联系,就注定了不同物种在构建隐身的地方有丰富的曲线,就像日本的京都音乐厅,由曲线来制作玻璃幕墙,可以说是曲线建筑的代表之作。

(二)放射性

这就和辐射感相类似,由中心圆辐射不完整的线条。例如,叶脉和植物中花片的线条,鸟类的尾部和双翼、孔雀开展的屏,在很大程度上都对建筑组合和建筑装饰造成了影响。美国的克莱斯勒大厦屋顶的装饰,就是运用了辐射建筑的装饰方式,美的广泛性原则,就是能够体现出建筑形态和自然形态的相似性,能够对建筑物模仿生物艺术造型的必要性进行充分的体现。

(三)循环普通的规律和原理

例如,贝壳的外形,经过研究我们可以知道,导致美学遐想主要是由于贝壳美丽的外形。一个建筑物的设计,不管是其形式美,还是功能建筑和与自然界许多生物相似。在自然界当中很多物种为了能够生存下去就需要对自身的美进行展示,展示其形态和绚丽色彩。因此,能够辩证的认为"真"和"美"的关系就是"功能和形态"的关系。在建筑进行仿生设计的时候,功能和形态结构也有着相类似的关联,生物体当中的支撑结构功能和建筑物当中的支撑部分功能是一致的。一般的支撑结构需要符合美学功能相同的需求，只有使用的合理，拥有正常的生态功能，仿生建筑结构的美感才可以得到真正地体现，实现"真"和"美"的和谐。

如今的社会发展迅速，越来越多的人整天游走于繁忙的工作中，面临巨大的生活与工作压力，人们渴望山川、渴望河流、渴望与大自然的密切接触，所以仿生建筑应运而生，并迅速地受到了人们的欢迎。仿生建筑的造型设计来源于自然与生活，通过对自然界中各种生物的形态特性等进行研究，在考虑相应自然规律的基础上进行设计创新，进而使得整个仿生建筑与周围环境能够实现很好的融合，也能保证仿生建筑的相应性能，还能满足人们对于自然地追求与向往。

二、仿生建筑造型设计的类型

（一）形态仿生的建筑造型设计

所谓形态仿生指的是从各种生物的形态方面，大到生物的整体，小至生物的一个器官、细胞乃至基因来进行生物的形态模拟。这种形态仿生的建筑造型设计是最基本的仿生建筑造型设计方法，也是最常见、最简便的仿生建筑造型设计方法。这种形态仿生的造型设计有很多的优点，一方面由于设计外形取材于生物，所以能够很好地与周围的环境融为一体，成为周围环境的一种点缀，弥补了水泥建筑的不足，而且某些形态设计能很好地反映出建筑的功能，给人一种舒适感。另一方面，建筑设计仿照当地特有的植物或者动物形态，对当地的环境人文特色等有很好的宣传作用，能够让人从建筑就感受到这个地方的自然之美与神秘，继而带动当地旅游等产业的发展。

（二）结构仿生的建筑造型设计

所谓的结构仿生既包括通常所提到的力学结构，还包括通过观察生物体整体或者部分结构组织方式，找到与建筑构造相似的地方，进而在建筑设计中借鉴使用。生物体的构造是大自然的奇迹，其中蕴含着许多人类想象不到的完美设计，通过借鉴生物体自身组织构造的一些特点，可以解决我们在建筑造型设计中无法克服的难题，实现更好的设计效果，更好的保障建筑的性能。

（三）概念仿生的建筑造型设计

概念仿生的建筑造型设计就是一种抽象化仿生造型设计，这种设计方法主要是通过研究生物的某些特性来获得内在的深层次的原因，然后对这些原因进行归纳总结上升为抽象的理论，然后将这个理论与建筑设计相结合，成为建筑造型设计的指导理论。

三、仿生建筑造型设计的原则

（一）整体优化原则

仿生建筑的造型设计相对于传统的建筑造型而言，具有新颖、独特、创新等特点。这也是仿生建筑造型设计的那些建筑家所追求的结果，他们旨在创新一种全新的建筑造型设计，突破以往传统建筑的造型设计，改变传统建筑造型的不足，给人一种耳目一新的感觉。这种追求无可厚非，但是设计不是只追求创新就可以的，要以建筑的整体优化为根本，如果建筑的造型过于突兀，与整个建筑显得格格不入，那这个建筑的造型设计就是失败的，因此仿生建筑造型设计在追求创新的同时，一定要保证建筑的整体得到优化。

（二）融合性原则

所谓的融合性原则指的是建筑的造型设计要与周围的环境相互融合，不能使整个建筑与周围的环境相差太大，格格不入。就像生物也要与环境相融合一样，借鉴生物外形、特性等设计的建筑造型，也一定要与周边的环境相互融合、相互映衬，才能保证建筑存在的自然性，就像建筑本就是环境中自然存在的一般，给人一种和谐统一的感觉，而不是有就像在原始森林见到高楼大厦的那种惊恐感。有很多的建筑都很好地体现了这种融合性的原则，使得建筑的存在浑然天成。

（三）自然美观原则

仿生建筑的造型设计无论如何的追求创新，最终的目的都是设计出自然的、美观的、给人带来舒适感的建筑。仿生建筑的造型设计取材于大自然的各种生物形态等，具备自然的特性是必须的。另外，美观也是建筑造型设计所必须具备的，谁也不喜欢丑陋的建筑造型，美观的建筑造型设计可以给人一种心灵上的愉悦感，使人心情舒畅。

四、仿生建筑的艺术造型方式

对仿生两字进行字面上的分析就是对生物界规律进行模仿，所以仿生建筑艺术造型的方式应该源于形态缤纷的大自然。我们经过对奇妙的自然认识以后，通过总结和归纳，把经验使用在建筑的设计上，仿生建筑艺术的造型方式能够定义成形象的再现（具象的仿生）以及形态重新地创新（抽象的转变）两种形态。

（一）形象的再现

具象的模仿属于形象的再现，这其实就属于对自然界一种简单的抄袭，我们对自然形态进行简单的加工和设计以后在使用建筑的造型上，就会有一种很亲切的形象感觉，这是由于形态很自然。能够将仿生建筑的具象模仿由两个角度来进行定义，分成建筑装饰模仿以及建筑整体造型的模仿。

早在希腊、古埃及与罗马时期，就在他们的柱式当中，特别是在柱头上面，发现运用仿生装饰造型，例如，草业和涡圈。建筑装饰的仿生在很久以前还有避祸、祈福以及驱鬼的含义。在目前的建筑设计当中，使用仿生艺术装饰的办法有许多。例如，汉斯·霍莱茵对维也纳奥地利旅行社进行的设计，在下层大厅当中，运用零星的点缀对由金属形成的梧桐树进行了装饰，金色的树叶和树干使我们能够想起热带风情当中灼热的太阳，灯光在金属树木和金色的树干之间相互的折射，使我们仿佛置身在南方的热带风情园当中。迪士尼世界当中的海豚旅馆以及天鹅旅馆许多的贝壳与天鹅造型都被雕塑使用在建筑的外立面上面。

（二）对形态进行重新创新

对形态进行重新创新，就是由抽象的变化，这也是经过自然界的形态加工形成的，但是这只不过是通过艺术抽象的转变，并且将其使用在建筑造型的设计当中，和具象模仿的方式进行比较，经过抽象的变换，得到的建筑造型特色以及韵味就会更强，这也是常见的使用仿生方式的一种。与此同时，应该要求建筑设计者审美、创新和综合能力具有一个比较高的水平，能够对自然形态合理地进行艺术抽象处理，并且成为独具特色的有机建筑造型。对自然和建筑的和谐进行追求，自然形态和建筑艺术造型相融合。建筑大师高迪是一位抽象表现主义的杰出代表，在其对代表作巴塞罗那神圣家族的教堂创作当中，高迪使用自己独特的设计语言，对哥特式传统符号的形象进行了诠释。

仿生形态具有非常丰富的语言，在自然界当中有着很多形态结构导致仿生设计拥有独特性，这种独特性对设计的形式语言进行了丰富，无形、有形的规律使建筑的设计语言更加独特和丰富。经过上面的论述，我们能够知道仿生设计在景观设计当中运用的前景是非常关键的，仿生设计元素在景观设计当中广泛的运用是使得景观艺术能够更加丰富地对景观设计的可持续发展进行促进，大自然是我们人类最好的导师，在景观的设计当中应该对生态的原则进行尊重、对生命的规律进行遵循，把科学自然合理的，最经济的效果使用在景观的设计当中，这是对人类艺术和技术不断的融合和创造，这是我们对城市、自然以及和谐共处美好的向往。

五、仿生建筑造型设计的发展方向

（一）符合自然规律

仿生建筑的造型设计是从自然界的生物中获得灵感，来进行造型创新的。但在对仿生建筑进行造型设计时，并不是随心所欲的，一定要符合相应的自然规律。很多仿生建筑的造型设计新颖美观，但违背了自然规律，使得相应的建筑在安全等性能上存在重大的问题，严重影响了建筑的整体。现在的仿生建筑造型设计大多还停留在图纸上，投入实践的还为数不多，经验积累也不够。因此未来的仿生建筑造型设计一定要积极地观察相应的自然规律，然后进行图纸设计，设计施工，使得建成的仿生建筑在符合自然规律的前提下实现创新。

（二）符合地域特征

建筑是固定存在于某个地方的，是不能随便移动的。各地的自然地理、文化、经济等条件都各不相同，各有自己的特征，因此在仿生建筑的造型设计上自然也要有所区别，使得仿生建筑的造型设计可以体现出当地的各种特征来，才能与当地的环境更好地相互融合。就像传统的建筑造型设计一样，老北京的四合院、陕西的窑洞等，不断兴起的仿生建筑也要有自己独特的符合地域特征的造型设计，使得整个设计在满足当地地理人文的同时，又可以对当地有很好的宣传作用，成为各个区域的象征。

（三）要与环境相和谐

建筑设计讲究"天人合一"，仿生建筑也不例外。在进行仿生建筑的造型设计时一定要观察考虑周边的环境特征，使整个造型设计与周边的环境能够实现很好的统一，这也是仿生建筑造型设计融合性原则的要求。要想使得整个建筑不突兀，就必须重视建筑周边的自然环境，更何况是仿生建筑。仿生建筑要想更好地发展，就必然使其造型设计朝着与环境和谐统一的方向不断地发展创新。

仿生建筑是未来建筑行业重点发展的方向，我们在经济发展的同时，越来越关注自然与环境的发展。因此积极地做好仿生建筑造型设计的发展创新十分重要，在仿生建筑的造型设计上坚持整体优化、相互融合、自然美观等原则，从观察大自然的过程中不断完成仿生建筑造型设计的形态仿生、结构仿生、概念仿生，使得仿生建筑的造型设计取材于自然，又与自然很好地融合在一起，实现仿生建筑基本性能的同时，又使其与自然环境实现和谐统一。

第四节　基于仿生建筑中的互承结构形式

一、仿生建筑学

仿生学形成于 21 世纪 60 年代，是一门交叉学科。其中包含生命科学与机械、材料和信息工程等。仿生学随着科技与时代的发展不断深化并且有着明显的跨学科特征。自然界的生物形态万千，它们有着不同的体态特征和独特的存在方式。通过认清客观生物自身形体特点探寻空间结构形式和构造之间的关系从而能更好地融入自然、顺应自然并与自然生态环境相协调，保持生态的平衡发展。所以从另外一个角度来说，仿生学的建筑也等同于绿色建筑。仿生学的重点在于仿生原型的相似以及仿生整体的综合性。

建筑仿生是科研界一直提及的老课题，互承结构也可作为仿生建筑结构是近现代时期的一个新的视角。人类社会从蒙昧时代进入文明时代就是在模仿自然和适应自然界规律的基础上不断发展起来的。各个学科不断碰撞交融产生新的交叉学科，建筑亦是如此。

从古至今，人们的居住环境从洞穴到各类建筑无一不留下了模仿自然的痕迹。但是，随着工业化的高速发展，非线性的建筑形式越来越受青睐，这就意味着仿生建筑必须要有新的突破才能更好地适应日益变化的建筑大环境。

二、互承结构

互承结构是古老而又新颖的存在。古老是因为虽然没有对于互承结构详细的资料分析，但还是有学者探究到早在 1250—1255 年间，维拉尔·德·奥内库尔 (Villard de Honnecourt) 手稿中设计过一种平面互承结构。文艺复兴时期中也发现了出自文学巨匠之手的多重互承结构手稿。甚至有人提出其应用最早可以追溯到新石器时代，因纽特人与印第安人居所所使用的帐篷结构。在国内，更有学者研究称《清明上河图》中的"虹桥"就是中国古代最早出现的互承式结构。知名的桥梁专家唐寰澄对虹桥的力学特性及设计构造进行深入研究，也证实早期主要分布在我国浙闽山区的虹桥就是一种互承结构。新颖则是因为互承结构的应用虽然由来已久，但是不曾被连续的规模的发展。它的复杂结构特性及不够了解的神秘性还是被外界认为是种新颖的结构形式。20 世纪 80 年代，格兰汉姆·布朗(Graham Brown)正式提出了互承结构(reciprocal frame structure)的术语。他把互承结构定义为可以用作屋顶的风车形结构形式,其构件串联成一个封闭的循环阵列从而组成能够覆盖一片圆形区域的形式。

随着研究人员对互承结构的不断探索与完善,互承结构按照自身的空间形式可分为一维、二维和三维。一维互承结构就是类似于"虹桥"的结构形式,即基本单元的一维延伸。二维互承结构是将基本单元扩展到二维曲面形成一片能够覆盖二维的自承重的结构。三维互承结构则是指能够在一个三维空间内支撑起一个以互承结构为主体的空间区域。

设计实践并没有想象中顺利,因为学术的研究和重视并没有将"互承式结构"落于实处。资料的匮乏让研究几次陷入停滞的状态,以互承结构而存在的建筑形式在我国更是罕见。"互承式结构"在建筑和设计领域上不可替代的意义,并没有帮助它发挥出真正的功效。

或许在一开始"互承式结构"陈旧的理念并没有一定的吸引力,有太多的原因让它不能展示其真正耀眼的一面。如今它已经被初步挖掘,大量关于互承结构的小模型和中小规模的设计成品出现在各个高校的美术馆展馆。原本一个个平平无奇的插件,在不断排列重组有序的变换中展现了互承结构机械又富含韵律的美。在工业不断推进以代替人工的时代,这种单一有序的构件制作也会越来越方便,人工成本也会随之大大削减。今后的节能建设和成本建设必定成为建筑界的主流,"互承式结构"有它成为结构主流之一的理由。

但是,"互承式结构"也存在着它必须面对的缺陷和不足。单个构件制作虽然方便,其用量却大,插接件的距离决定了该建筑物整体的形式。所以在每个插件互相受力的运算上需要极大的时间,而且不容差错。这也是现在中小型规模的成品和小件会有很多,大型建造很少的主要原因之一。单个构件的形式及材质是极其重要的。

三、仿生建筑与互承结构的交汇融合

生物的骨骼亦可以当作"互承式结构",同时又符合仿生建筑的类别。与其说仿生建筑与互承结构交汇融合,不如说互承结构就应当归属于仿生建筑的类别之中。互承结构由一个单一的插件组合生成,其原理就是自然界中动物骨骼简化重组而达到自然支撑自成体系的结果。不管是对单个支撑件的研究还是最后整个结构的形态都符合仿生建筑学的分类。因此想要做好互承结构的研究就需从仿生建筑学去追溯其本源。在前期搜集资料的过程中研究归纳了很多知名建筑设计师具有代表性的仿生建筑作品。例如,德国以蝴蝶为原型的不来梅高层公寓;卡拉特拉瓦于1992年—1995年设计的位于西班牙的特内利非展览厅，就是对鸟的模仿；北京的鸟巢体育馆、印度的莲花寺、芝加哥的螺旋塔等这些全是由对自然界的仿生灵感而诞生的建筑。

四、互承结构在实际生活中的应用

互承结构单一的构件组成及其有韵律的形态展现多用于公共艺术中的大型搭建类构筑物设计。通过外部形态的形式与内部结构或者内部空间结构结合，表现出设计师希望观众探索发现其中的内涵关系。而一个完整的构筑物设计中包含该艺术作品所在的场地与实现搭建的材料，艺术家所想表达的情感及受众的直接感受与体验。

构筑物设计首要的任务是让观众接触构筑物、融入构筑物环境。观众的介入和参与搭建构筑物不可分割。通过场地的布置，通常的动线，可以让观众自发地参与其中，自由方便地进出和通行，或者在空间有一定容量的情况下展开适当的活动。这就与互承结构达到了一种契合。

艺术分类之间是无边界的，很多设计分类都是交汇融合的。本节主要通过对仿生学的概念研究，仿生学在对建筑形态影响的环境下探索互承结构的空间表达。通过参数化的方式把仿生学与二维互承结合形成不再是单一单元件构件而成的空间构造方式，而是以更复杂和多元的形式展现。不足之处就是对于材质方面的探索略显单薄，什么样的材质才最适用于互承结构的实现，希望后期可以在建筑形态更加丰富的基础上适用于更多变的材质，达到对互承结构更深层次的研究。

第五节　生态结构仿生设计

随着社会的蓬勃发展，人们早已不再满足于吃饱穿暖的阶段，对物质和审美的需求日渐高涨，建筑的意义不再只是单纯地遮风挡雨，同时还得兼具美观与实用价值。因此，结构仿生在大跨度建筑设计中的重要性不言而喻。本节首先从结构仿生和大跨度建筑设计两方面入手，通过查阅整理，对结构仿生的概念、发展和科学基础理论进行系统的研究，总结出结构仿生的方法和应用特征。然后概括大跨度建筑的结构设计特点，结合相应的案例进行分析，最后得出结论，并就这一结论对结构仿生在大跨度建组设计中的应用提出改进意见。

一、结构仿生

（一）结构仿生的概念

了解结构仿生的概念，首先要了解仿生学的概念。"仿生学"一词是由美国斯蒂尔根据拉丁文"bios"（生命方式的意思）和字尾"nlc"（'具有……的性质'的意思）构成的。斯蒂尔在 1960 年提出了仿生学概念，到 1961 年才开始得以使用。他指出"某些生物具有的功能迄今比任何人工制造的机械都优越得多，仿生学就是要在工程上实现并有效地应用生物功能的一门学科"。结构仿生（Bionic Structure）是通过研究生物肌体的构造，建造类似生物体或其中一部分的机械装置，通过结构相似实现功能相近。结构仿生中分为，蜂巢结构、肌理结构、减粘降阻结构和骨架结构四种结构类型。

而本节研究的结构仿生建筑则是以生物界某些生物体功能组织和形象构成规律为蓝本，寻找自然界中存在许久的、科学合理的建筑模式，并将这些研究结果运用到人类社会中，确保在建筑体态结构以及建筑功能布局合理的基础上，又能做到美观实用。

（二）结构仿生的发展

仿生学的提出虽然不算早，但是它的发展大概可以追溯到人类文明早期，早在公元8000 多年前，就有了仿生的出现。人类文明的形成过程有许多对仿生学的应用。例如，在石器时代就有用大型动物的骨头作为支架，动物的皮毛做外围避寒而用的简易屋棚。这就是最早——动物本身为仿生对象的结构仿生。只是那时候的仿生只是简单停留在非常原始的阶段，由于生存环境的恶劣，人类只能模仿周围的动物或者从自然界已有的事物中获取技巧，以此保证基本的生存。因此，从古代起，人们已经在不知不觉中学习了仿生学，并加以利用。

随着现代科学技术的不断进步，仿生学的概念也被不断完善和改进，逐步形成了系统的仿生学体系。从实质上看，仿生学的产生是人类主动学习意识下的产物。它给人类带来了创新的理念与学以致用的方法，使人类以不同的视角看世界，发现未曾未发现的事物，实现科学技术的原始创新，这是其他科学不具备的先天优势。

从古至今，人类一直在探索自然中的奥秘，自然界是人类各种技术思想、工程原理及重大发明的源泉，为人类的进步提供灵感和依据。20 世纪 60 年代，仿生学应运而生，仿生学一直是人类研究的热门，仿生方法也一直为各个行业、各个领域所用。在仿生学的影响下，各类仿生建筑层出不穷。本节在研究仿生建筑外观、结构、性能的基础上对仿生方法进行了归纳；分析了建筑结构设计领域，仿生方法的应用现状；对大数据时代仿生建筑的发展做了展望。

1960 年，美国的 J.E.Steel 提出"仿生学"的概念，自此之后人类自觉地把生物界作为各种技术思想、设计原理、发明创造的源泉。至今仿生学已经有了长足进步，生物功能不断地与尖端技术融合，应用于各个领域，仿生方法在建筑结构设计中的应用颇为广泛。

二、建筑结构设计中仿生方法应用现状

（一）建筑外观仿生

建筑外观形态仿生历史悠久、原理简单。公元前 250 年的埃及卡夫拉金字塔旁的狮身人面雕像可谓外观仿生的雏形。随着社会生产力的进步，外观仿生在建筑设计中应用得越来越多。17 世纪 80 年代，在哥本哈根，"我们的救世主"教堂尖顶的外形模仿了螺旋状的贝壳；1967 年，英国圣公会国际学生俱乐部的螺旋形附楼采用的楼梯，恰似DNA 分子的螺旋状结构。而今，外观仿生方法在世界各地的建筑中均有应用，国家体育场"鸟巢"是从表达体育场的本原状态出发，通过分析和提炼，采用外观仿生方法得到的艺术性的结果。它之所以得名"鸟巢"是因为它的外观模仿了鸟类的巢穴，鸟类的巢一般都是用干草、干树枝等搭建而成，取材于自然，不经加工，干草、树枝的尺寸大小各异、参差不齐，而"鸟巢"正是采用的异型钢结构，其中各个杆件的外形尺寸均不相同，当然这也给设计和施工带来了许多困难，制造和施工工艺要求极高，但不可否认的是"鸟巢"不仅为奥运会开闭幕式、田径比赛等提供了场地，在后奥运时代也成为北京体育娱乐活动的大型专业场所。

外观仿生是设计师通过对自然的观察，在模拟自然外部形态的基础上进行建筑创作。外观仿生方法主要得益于自然的美学形态，自然界的美我们只领略了一部分，在不久的将来，将会有更多模拟自然外形的优秀建筑落成。

（二）建筑材料仿生

所谓建筑材料仿生，是人类受生物启发，在研究生物特性的基础上开发出适应需求的建材，早在北宋年间，我国第一座跨海大桥——泉州洛阳桥（万安桥）建造时，工匠在桥下养殖牡蛎，巧用"蛎房"联结桥墩和桥基中的条石，这在世界桥梁史中是首例，也是建筑材料仿生的先驱。在当代建筑材料研发中，许多灵感都源自生物界。蜜蜂建造的蜂巢，属于薄壁轻质结构，强度较高，这正是建筑材料研发希望达到的效果，蜂窝板就是在研究蜂巢特点的基础上出现的。蜂窝板为正六边形，是一种耗材少而组织结构稳定的板材，由此衍生出的石材蜂窝板，将蜂窝结构和石材配合使用，达到传统石材板同等强度只需耗用一半的石材原料。受蜂巢启发，还研制出了加气混凝土、泡沫混凝土、

微孔砖、微孔空心砖等新型建材，这些材料不仅质轻，还具有隔音、保温、抗渗、环保等诸多优点。材料仿生除了使建筑材料具备更强的基本功能外，还能够实现或部分实现动物的功能，例如骨的自我修复功能，骨折后，骨折端血肿逐渐演进成纤维组织，使骨折端初步连接形成骨痂，最终完成骨折处自我修复。人们从骨的自我修复功能中得到启示，现已经研究出混凝土裂缝修复技术。还有学者提出了智能混凝土的概念，所谓智能混凝土是在混凝土原有组分基础上复合智能型组分，使混凝土成为具有自感知和记忆、自适应、自修复特性的多功能材料。

（三）建筑结构仿生

建筑结构仿生，是在研究生物体结构构造的基础上，优化建筑物的力学性能和结构体系。建筑的结构仿生可以追溯到公元前8000年的旧石器时代，那时人们已经在居住地使用动物皮毛和骨头作为结构，乌克兰用猛犸骨建造了无盖的棚屋。而今，结构仿生建筑已经遍布世界各地，1851年英国世博会展览馆"水晶宫"的设计理念即源自南美洲亚马孙河流域生长的王莲，王莲叶子背面粗细不同的叶脉相交足以支撑直径达2米的叶片。"水晶宫"以钢铁模拟叶脉作为整个结构的骨架支撑玻璃屋顶和玻璃幕墙，轻质且雄伟。相比水晶宫，薄壳结构的设计灵感则是源自日常能见到的鸡蛋，薄壳结构荷载均匀地分散在整个壳体，结构用料少、跨度大、坚固耐用。许多世界著名建筑都采用了薄壳结构，众所周知的人民大会堂，偌大的空间里没有一根柱子作为支撑，充分发挥了薄壳结构的优势；悉尼歌剧院的帆状壳片、中国国家大剧院的穹顶都采用了薄壳结构。除上述结构外，还有些生物结构被建筑物采用，如北京奥运会游泳场馆水立方，内部采用钢结构骨架，外部用了世界上最大的膜结构（ETFE材料），水立方的主体结构被称为"多面体异型钢结构"，这在世界上是首创。

（四）建筑功能仿生

建筑功能仿生是通过学习借鉴自然界生物所具有的生命结构、生命活动以及对环境的适应性等方面的优良特性来改善建筑功能设计的方法。建筑功能仿生方法应用实例不胜枚举，如双层幕墙作为建筑物的外表模拟皮肤的"保护、呼吸"等功能；城市中的给排水系统模拟生物体的体液循环系统。受生态系统的启发，设计师根据建筑物所在地的自然生态环境，通过生态学原理、建筑技术手段合理组织建筑物与其他因素之间的关系，使人、建筑与自然生态环境之间形成一个良性循环系统，此即为生态建筑。马来西亚米那亚大厦、大别山庄度假村、德国的"三升房"、奥尔良的"诺亚"等都属于此类建筑。源自植物叶片绕枝干旋转分布的灵感，荷兰鹿特丹的"城市仙人掌"为每位公寓住户提供了悬挑的绿色户外空间，住户可以在享受阳光的同时感受大自然的生机。现在清华大学又提出了第四代住房的设计，第四代住房集以往所有住房的优点于一身，将生活空间、生态植物、生活设施皆融于建筑物中，是真正的空中庭院，这必将是功能仿生史上的一大力作。

三、大跨度建筑

（一）大跨度建筑结构设计特点

所谓大跨度建筑，就是横向跨越 60 米以上空间的各类结构形式的建筑。而这种大跨度建筑结构多用于影剧院、体育馆、博物馆、跨江河大桥、航空候机大厅及生活中其他大型公共建筑，工业建筑中的大跨度厂房、汽车装配车间和大型仓库等。大跨度建筑又分为：悬索结构、折板结构、网架结构、充气结构、篷帐张力结构、壳体结构等。

当今大跨度建筑除了用于方便日常生活外，更多是作为是一个地方的地标性建筑。这就需要在建筑结构上能展现本地的特色，但又不能过分追求标新立异。大跨度建筑因为建筑面值过大，耗时较长，除了对结构技术有更高的要求外，也需要设计师对建筑造型的优劣做出准确的定位。大跨度建筑也需要同时兼备多种功能，如 2008 年为北京奥运会各个场馆的建设，除了需要体现不同的地域特色外，还要考虑到今后的实用性。以五棵松体育馆为例，它在赛后的实用性就大大地高于其他各馆。

（二）大跨度仿生建筑结构案例分析

在了解了大跨度建筑结构的设计特点后，我们用实际例子来具体分析一下。萨里宁（Eero Saarinen）于 1958 年所做的美国耶鲁大学冰球馆形如海龟，1961 年设计的纽约环球航空公司航站楼状如展翅高飞的大鸟，让旅客在楼内仿佛能够感受到翱翔的快乐。这些都是大跨度仿生建筑结构当中举世瞩目的成果。

1964 年丹下健三在东京建造的奥运会游泳馆与球类比赛馆，模仿贝壳形状，利用悬索结构，使它们的功能、结构与外形达到有机契合，令人眼前一亮，继而成为建筑艺术史上不可多得的优秀作品。另一位设计师——赖特，他是一位将自然与生活有机结合的建筑师。1944 年他设计建造的威斯康星州雅可布斯别墅，就是将菌类作为设计灵感，把住宅仿照地面菌菇类植物进行搭建，给人以与自然融合在一起的感觉。此外，又如萨巴在 1975—1987 年建成的印度德里的母亲庙则犹如一朵荷花的造型，它借荷花的出淤泥而不染来表达母亲圣洁的形象，因此成为印度标志性的建筑。

在国内，大跨度仿生结构的案例有很多，最具有代表性的要数国家大剧院。国家大剧院外观形似蛋壳，所有的入口都在水下，行人需通过水下通道进入演出大厅。这种设计符合剧院的庄严感同时又兼具了美观与时尚感。除此之外，武汉新能源研究大楼也是大跨度仿生结构的经典案例。它由荷兰荷隆美设计集团公司和上海现代设计集团公司联合设计，该院负责人说："马蹄莲花朵是该楼设计的自然灵感之源。"大楼主塔楼高128米，宛如一朵盛开的马蹄莲，它显示着"武汉新能源之花"的美好寓意和秉持绿色发展、可持续发展的理念。

由此可见，我们不难看出结构仿生在大跨度建筑设计中具有优势。国内外无数的成功案例说明，结构仿生模式在大跨度建筑设计中还有很大的发展空间。要充分利用这一优势，将越来越多的结构仿生运用到大跨度建筑当中去，将艺术与生活结合在一起，设计出更多审美与实用兼顾的建筑物。虽然结构仿生建筑设计方面的研究颇多，但是结构仿生建筑设计的系统仍然不够完善。并且生物界与我们的社会还是存在一定的差距，有很多的仿生结构虽然很理想，可是真正利用到人类社会中还是存在诸多不利因素。不过我相信，随着科学与社会的不断进步，人类与自然生物的不断接触和探索，结构仿生在大跨度建筑设计中一定会有更为广阔的发展空间与发展前景。

四、在大跨度的建筑设计中结构仿生的表征

（一）形态设计

结构仿生有着多样性、高效性、创新性等特点，能够满足建筑形态对于设计的要求，是形态进行设计的一个选择。例如在里昂的机场和火车站就属于一个例子。各种建筑构件和生物原型有着一定的相似性，并且通过材料与形态的变化，起到引导人群的作用，把旅行变成了一种令人难忘的体验。

（二）结构设计

因为大跨度的建筑设计，其跨度比较大，空间的形态较为多变，通常需要使用到许多的结构形式，因此，结构设计在大型的公共建筑设计中属于重要的部分，在很大程度上决定了建筑设计的效果。对大自然的结构形态进行研究，是满足建筑结构设计的有效途径。将微生物、动植物、人类自身作为原型，能够对系统结构性质进行分析，借鉴多种不同的材料组合以及截面的变化，使用结构仿生的原理，对建筑工程结构支撑件做仿生方面的设计，能够对功能、结构、材料进行优化配置，可以有效地提高建筑施工结构的效率，降低工程施工的成本，对于大跨度建筑有着十分重要的作用。

（三）节能设计

结构仿生方法指的是通过模拟不同生物体控制能量输出输入的手段，对建筑能量状况进行有效的控制。和生物类似，建筑可以有效适应环境，顺应环境自身的生态系统，

起到节能减耗的效果。充分地开发并且利用自身环境中的自然资源，如风能、地热、太阳能、生物能等，形成有效的自然系统，获得通风、供热、制冷、照明，在最大限度上减少人工的设施。使其具备自我调节、自我诊断、自我保护或维护、自我修复、形状确定、自动开关等功能。和这个类似，建筑也能有生命体的调整、感知、控制功能，精确适应建筑结构外界环境与内部状态的变化。建筑应该有反馈功能、信息积累功能、信息识别功能、响应性、预见性、自我维修功能、自我诊断功能、自动适应以及自动动态平衡功能等，有效进行自我调节，主动顺应环境的变化，起到节能减耗的作用。

五、结构仿生在大跨度建筑设计中的设计手段

（一）图纸表达

1. 构思草图

建筑师进行建筑设计创作的时候，大多从草图构思开始。构思草图指的是建筑师受创作意念的驱动作用，将平日知识和经验积累进行相互结合，把复杂关系不断抽象化，简约成为有关的建筑知识，是建筑师需要脑眼手相互协作，是建筑师集中体现创新的形式，因为仿生建筑的形体比较灵活，在开始构思草图中起着十分重要的作用。

2. 设计图纸

设计图纸指的是建筑师用来表达设计效果的一个常规工具，但在其中，也存在着一些比较有创意的手法，用来表现有效的设计思想；和以往的表达方法不一样，现代表现方法中使用到的透视图或者轴测图一般是和实体联结方式、大量的空间以及构造、结构、设备的分析图一起使用的。

（二）模型研究

模型设计在方案构思阶段属于不可缺少的一项工具，它自身的直观性、真实性和可体验性能够有效弥补在三维表达上图示语言存在的不足。模型研究对于建筑结构的形态以及各个细部处理有着十分重要的作用，模型能够给人们带来十分直观的体验，从各个视角去感受设计的空间、设计的体量和设计的形态，能够帮助人们比较全面地进行设计评估，避免设计存在的不确定性，与此同时，模型有着到位的细节设计和准确的形态比例关系，能够方便和客户进行交流沟通工作。

（三）计算机模拟

现今，以计算机作为核心的信息技术在很大程度上提高了建筑师的创造能力，并且

推动了计算机的图形学技术发展，人们能够在计算机模拟的虚拟环境内有效地落实头脑中所呈现的建造活动，这属于虚拟建造，动态的、逼真地模拟真实的情境，是计算机模拟的优势。

在建筑中仿生手段有着比较久的发展历史，但是仿生建筑的概念提出的时间却不长。在建筑仿生学中，结构仿生属于主要的一个研究内容，并且在大跨度的建筑中得到了有效的应用，取得了一定的进展，但与此同时，不可避免地产生了一些问题，参考在以往建筑发展中出现的教训经验，相关人员在面临建筑结构仿生的应用时，需要进行理性的、准确的评判，只有通过这种方式，才可以使结构仿生更好地被使用在建筑领域中，才能够更好地促进建筑行业的发展。

六、结构仿生方法的应用

现阶段，结构仿生应用主要体现在三个方面，包含了仿生材料的研究、仿生结构的设计以及仿生系统的开发。

（一）仿生材料的研究

仿生材料的研究在结构仿生中属于一个重要的分支，指的是从微观的角度对生物材料自身的结构特点、构造存在的关系进行研究，从而研发相似的或者优于生物材料的办法。仿生材料的研究可以给人们提供具有生物材料自身优秀性质的材料。因为在建筑领域，对于材料的强度、密度、刚度等方面有着比较高的要求，而仿生材料满足了这种要求，因此，仿生材料的研究成果在建筑领域也得到了广泛的应用。现今，加气混凝土、泡沫塑料、泡沫混凝土、泡沫玻璃、泡沫橡胶等内部有气泡的呈现蜂窝状的建筑材料已经在建筑领域被大量使用，不但使建筑结构变得更加简单美观，还能够起到很好的保温隔热的效果，并且成本比较低，有利于推广应用。

（二）仿生结构的设计

仿生结构的设计指的是将生物和其栖居物作为研究原型，通过对结构体系进行有效的分析，给设计结构提供一个合理的外形参照。通过分析具体的结构性质，把其应用在建筑施工设计中，可以提出合理并且多样的建筑结构形式。建筑对于结构有着各种不同的要求，例如建筑跨度、建筑强度、建筑形态等。仿生结构自身具有结构受力性能较好、形态多样并且美观等特点，因此，在建筑领域得到了比较广泛的应用。在大跨度的建筑中，使用的网壳结构、拱结构、充气结构、索膜结构等，都属于仿生结构设计的良好示范。

（三）仿生系统的开发

仿生系统的开发是把生物系统作为原型，对原型系统内部不同因素的组合规律进行研究，在理论的帮助下，开发各种不同的人造系统。仿生系统开发重点在如何处理好各个子系统与各个因素间的关系，使其可以并行，并且能够相互促进。建筑属于高度集成的一个系统。伴随建筑行业的不断发展，生态建筑将会不断兴起，建筑中涵盖的子系统也会越来越多，例如能耗控制系统等，系统的集成度也会越来越高。仿生系统有效良好的整合优势，因此，其在建筑领域的使用的前景十分广阔。

七、国外仿生设计的应用

国外建筑设计人员对仿生设计理念的应用时间非常长久。通常情况下，国外都将融入这种理念的建筑称为有机建筑，其设计的原则也主要是建筑与周围环境的有机结合，这也正是将之称为有机建筑的重要原因。流水别墅是运用仿生理念最典型的建筑，设计人员运用仿生理念，将其设计为方山之宅，给人一种大自然自己打造的房屋的感觉，因此其设计方法就是运用楼板与山体自然的结合，在具体施工时根据建筑整体来选择所需要的建筑材料，仿生设计与普通的建筑设计相比，其对建筑设计人员的要求更高，而这种流水别墅的设计则有更加严格的要求，不仅要突出地体现建筑艺术美感，而且要保证这种美感不能脱离实际。由上可知，流水别墅是一个非常具有超越性的设计，该设计将建筑结构与周围环境之间的融合达到最佳的切合点，从而给人一种自然美与艺术美。居住舒畅、身心放松、浑然天成，这是流水别墅给居住者切实的感受。

目前，国家建筑设计人员越来越多地应用仿生设计理念，运用原始自然环境中所拥有的物质进行设计，将自然中天然的美感融入建筑设计中，使建筑具有大自然的气息。最为重要的是，国外建筑设计人员之所以大量的使用这种建筑设计理念，主要是因为这种设计理念比较自由，主要是看设计人员对自然的理解，对美的追求，而且设计人员完全可以按照自己的感情来设计，其约束力比较少。比如有些建筑设计人员比较喜欢动物，其设计的建筑往往类似于某种动物，尤其是动物中某些细节部分，比如纹理等。

八、我国建筑结构的仿生设计

我们就以我国园林设计为例，其特点是动静结合，动中有静，静中有动。用色淡雅、朴实，与自然景观相互融合，既不显建筑的单调，又极好地烘托了主题。同时，苏州园林体现了古人对天时、地利、人和的追求。把山、水、树完美地融入他们的生活之中，增加了许多生活情趣。中国古人的园林建筑，讲求一步一景，步步为景，一景多观，百看不厌。因此，中国的苏州园林，讲究心境和自然的统一，互为寄托，即古人所讲的"造境"——有造境，有写境，然二者颇难分别。山川草木，造化自然，此实境也。因心造境，以手运心，此虚境也。虚而为实，是在笔墨有无间，故古人笔墨具此山苍树秀，水活百润。于天地之外，别有一种灵寄。或率意挥洒，亦皆炼金成液，弃滓存精，曲尽蹈虚揖影之妙。

此外，中国的民居建筑和村落也很受国外人士的欢迎。来中国旅游的客人，大都选择住在四合式的小旅社，而不是高级宾馆。不仅是外国人，中国人也越来越重视人与自然的结合。在已批准实施的《中国 21 世纪议程》中，就将"改善人类居住环境"列入重点内容。强调"森林资源的培育、保护和管理以及可持续发展"和"生物多样性保护"。可见，在人类意识到其重要性后，仿生建筑的概念将逐步深入人心。用仿生学的原理进行城市规划和设计是中国古代传统地理在城市选址、规划、布局和建设的一大特色。中国古代传统讲求天文、地理和人文的相互结合，故而产生了青龙、朱雀、白虎、玄武之说。古代人根据这些条件，创造了许多优秀的建筑。这些环境设计上精心营造"天人合一"意境，刻意体现园林化情调"天人合一"意境和园林化情调，是徽派古民居环境设计中刻意追求的特色和目标。

除了这些，还有很多这样能体现本国个性的建筑。而这些建筑，均不是凭空产生的，而是建筑师的精心设计。所谓"设计"，是指在建筑物的外形、色彩、材质等方面的改革，使之更能吸引人们的眼球，间接增加它的物质利益。当今建筑，从低空间到高空间、从色彩单一的白墙黑瓦到各种色调的钢筋混凝土，其风格受西方影响越来越显示出现代色彩，国际建筑风格趋于统一，地域特色逐渐变得不明显。为了使本地的建筑有地方特色，成为地方标志性建筑，建筑师通常仿照一些物品使人们对其印象深刻。虽说现代城市建筑所用建材及造型相差无几，但每个国家都有它独特的建筑风格，即国家个性。只有反映国家个性的建筑才能流传至今，为后人树立典范。

九、仿生建筑的发展展望

仿生方法在当代建筑结构设计中的应用日趋成熟，在仿生理念的影响下，各类仿生建筑不断涌现。大数据时代，能够对海量数据进行存储和分析，许多信息实现共享，更多的自然生物数据可以为建筑结构设计所用。例如，可以提取人体皮肤特性数据，开发像皮肤一样能感知温度变化，保温、透气，能随着外界气候条件的变化自我调节的智能化建筑材料。在进行房屋结构设计时，提取医学数据中人体受外力时神经系统、肌肉系统为保持稳定做出反应和发出指令的相关数据，用于研究建筑物的应激反应系统，该系统应包括感应模块、分析模块和防御模块。建筑物受到外部作用时，感应模块将收集到的数据传送给分析模块分析提炼后，向防御模块发出指令，启动防御模块抵御外部作用，保证建筑物自身的稳定性。建筑物的应激反应系统是在综合运用外观仿生、材料仿生和结构仿生的基础上进行的强大功能仿生。我们有理由相信，在大数据环境下，未来的建筑将会成为能呼吸、能生长、能进行新陈代谢、具有应激性的"生物体"。

第六节　生态能源利用和材料仿生设计

一、能源利用仿生设计

植物的光合作用是最显著的太阳能运用范例，产生植物所需的营养成分，吸收CO_2、释放O_2，优化了环境质量。太阳能是地球生物生存能量的重要来源。这一能量储量充沛，绿色环保，太阳能在建筑上的利用是可持续发展研究的重要篇章。除了直接利用太阳能外，风能、潮汐能均是太阳能的不同表现形式和转化，也应当扩大研究范围加以运用。

（一）直接利用太阳能

植物对太阳能的高效吸收体现了它是一种利用太阳能的优势结构，植物茎干与叶冠部分结合形成哑铃形态，利用最小的占地面积获得了适度体积的地上部分，得到了大面积阳光。我们可以模仿植物这种结构特征进行建筑构思和设计。采用哑铃结构，建筑占地少，获得大面积有阳光的屋顶，可供太阳能电池搜集转化为其他能量形式，这一形式适用于低层建筑。夹竹桃的"叶镶嵌"生长形态则提供了高层太阳能建筑的参考方式。所谓"叶镶嵌"指的是夹竹桃同一枝干上的叶片互相错位生长，彼此不互相遮盖，使得所有的地上部分都能接收阳光。"叶镶嵌"式建筑就是模拟这一形态的建筑思维，太阳光可穿过上层居住体之间的空隙照射下层居住体的地面，使各户的太阳能家庭发电成为可能，与低层的太阳能建筑相比，这种形式具有更高的太阳能利用率和土地利用率。

（二）间接利用太阳能

动物没有植物的光合作用作为直接利用太阳能的方式，却通过筑巢等特有的方式间接利用太阳能，这又可称为被动式太阳能利用，白蚁巢就是很典型的例子。澳大利亚和非洲白蚁建造了一米多高的蚁巢而成为最大的非人工构筑物，蚁巢具有坚固厚重的外墙抵御外部潮气和热空气侵袭，且还具有冷却系统，管道遍布整个蚁巢，蚁巢墙遍布通气小孔与外界进行热交换，白蚁实际上居住在蚁巢的底部，此处离地表有一定深度，有较为稳定的温度。上方高耸的蚁巢塔是实现被动式通风降温的主要部分，称之为驱走热气的"肺"，其中有很多竖向的通风道。在白蚁窝的中央有空气流动管道。"肺"的作用除了维持一定的空气进出口高差外，还可以产生热压作用，实现巢内外空气的交换。在炎热的气候条件下，外面的空气受"肺"的抽吸作用，从地表通道口进入，经地层冷却后进入白蚁居住处，带走蚁巢内的热量和废气，然后从"肺"的顶部排出。另外，地下室始终储有冷空气，其下有供白蚁饮用和用于降温的地下水。澳大利亚白蚁巢"肺"的主要立面朝东西向，无论是上午还是下午都能受到太阳辐射的加热作用，从而使"肺"部维持较高温度，加大进出风口温差。白蚁常在晚上外出觅食，非常干热时会挖井30~40m寻找水源。除了生存饮用外，井水为蚁巢的空气起到了冷却作用。正是有这样一套运行良好的被动式系统，才使多达300万的白蚁共居一巢。

由伦敦 Short & Associates 设计的马耳他啤酒厂是一个模仿非洲白蚁巢间接利用太阳能的实例。当地八月气温高达 38 ~ 40℃，啤酒厂需要 24 小时空调系统的运作，全人工采光防止室外热空气通过洞口传热，降低室温以满足啤酒 7℃发酵的要求，但因为酒厂冷却系统开启的巨大能耗导致整座城市的灯光非常黯淡，设计师通过设置双层墙解决了这个矛盾，利用内外墙之间夹层空隙来调节自然光及气流，并在室内外温差大时形成热压通风，将热气由屋顶排出，外墙和内墙间的空气层形成缓冲区，保持内部空气温度的相对恒定。

美籍华人建筑师尤金·崔综合他多年来对自然界的研究成果提出的终极塔楼的构思也源于对白蚁巢的模仿。根据他的设想，该塔楼高达 32km，宽 16km，喇叭形的建筑造型模仿某种能够根据天气选择朝向的白蚁巢。设计师认为具有张力的喇叭形高层建筑结构最稳定并且最符合空气动力学原理。如同白蚁巢，该高层坐落于一个大湖中，湖水是楼内空气的冷却剂，另一部分湖水用大型的太阳能板进行加热并通过重力让热水自顶楼往下供应。该结构本身就是一个活的有机体，带有风和大气能量转化系统、室外光电覆盖物、室外空气能自由出入的通风窗户。南立面多开口，以引入阳光；北立面少开口，以减弱北风侵袭和阳光辐射；中心核是一个张力 / 压力脊柱式结构，高 32km，由最轻的合金和不锈钢构成。在脊柱式结构中，有一垂直的火车隧道、设备井和给排水管道。

土拨鼠的地下巢穴通风是另一个被动利用太阳能的例子。巢穴出入口被做成火山口状的土堆，遍布于开阔的草原，自然通风就由这些洞口完成。根据帕努里定律，水平移动的流体其压力随速度的减小而降低，草原上的空气运动时，近地面由于摩擦力的存在，风速减小而低于稍高处的空气速度，产生的压力差遇到洞口时将空气压入洞内，再由另一个出入口出来，完成巢穴内的气流交换，即使是 0.46m/s 的微风也能在 10 分钟内对其地下巢穴完成换气过程。这给我们提供了一种思路，地下建筑设置两个以上出入口，利用建筑本身的高差产生的风压差实现地下建筑通风，改善目前通风不利、空气不佳的状况。

二、仿生材料在现代园林设计中的应用

生物经过亿万年的进化过程，为了适应环境的变化而不断完善自身的结构组织与机能，得到了性能高超、组织结构完善、身体机能良好的保障系统，从而在大自然中生存下来。生活在自然界的人类与其他生物是好朋友，人类看着自然界形形色色的生物具有这样或那样的本领，就开始想象和模仿他们，从而出现了仿生学，进而出现了仿生材料。

人们研究仿生学是为了从生物本身出发，借助由自然界生物引发的灵感进行模仿和创新，以便与自然和谐相处，共同发展。

从自然中寻找仿生材料和设计理念也是现代园林设计中的重点内容，其主要包括两方面的内容：于园林建筑仿生，它是通过研究生物界许许多多生物体的组织结构和性能，并将研究成果用于仿生材料创作，从而解决现代园林设计中仿生材料的问题。于环境的仿生，它是人与自然相联系的场所。

（一）仿生材料的概念

仿生材料是指根据生物本身的组织结构和性能研制的材料。在仿生学上，常常把根据生命系统组织结构和性能而设计制造的人工材料称为仿生材料。

仿生材料学是仿生学的一个分支，它是从微观世界的角度研究生物材料的组织结构和性能关系，从而研究出和原生物材料一样或者超出原生物材料的一门学科，它是众多学科的交叉部分。

仿生设计不但要模仿生物的结构而且要模仿生物的功能。把材料学、生物学、仿生学结合起来，对于促进仿生材料的发展具有重要意义。生物自然进化让生物材料具有最合理的结构，并且具有自我适应的能力。

（二）仿生材料在现代园林设计中的应用

在现代园林设计中，设计者通过对自然界中各种生物的结构、形态、性能等方面的不断研究，让一种新的材料开始出现在当今社会中——仿生材料。

设计师在进行现代园林设计过程中，常常通过一些模仿竹子、石头、木头等仿生材料的应用，不但使得材料所具备的功能性被有效利用，而且使园林风格的整体性与多样性被全面地体现出来。比如，在中国的传统园林中，常常在水泥中加入一些瓷瓦碎石，

从而使他们组成不同风格的花纹图案来呼应园林景观，并丰富园林景观的文化内涵，有些动植物的形象被赋予各种寓意：鲤鱼跳龙门象征着仕途通畅，桂花象征和平友好，菊花被人看作坚忍不拔的化身，荷花出淤泥而不染象征了纯洁高尚，竹子以其中空有节的特性常被用来比喻虚心好学和高风亮节的优秀品质，梧桐象征了高洁，亦有高士隐居之意等。近现代随着材料工艺的发展，常会通过对动植物形态的模仿而设计出马赛克等园林装饰。

1. 功能仿生材料

同人体一样，自然界中的生物也需要通过对肌体的调动来完成自身整个系统的新陈代谢工作和各项运动，当生物具有的这种功能被设计师参考应用到仿生设计中时，便创造出了功能方面的仿生设计。与其他方面的仿生设计相比，功能仿生属于一种相对来讲比较高级的新型仿生形式，由于该形式涉及的仿生学与设计学方面的内容比较多，所以，设计师在对此项功能进行实际应用时，一定要全面且深刻地了解认识生命的活动原理。

此外，设计师还需要对自然界中各类型的生物作用进行了解，从规律的条件和本质两个方面进行仿生设计，从而使一些复杂的活动过程能够在有限的园林区域内被实现。譬如，对自然界水体进行自我净化的活动过程仿生，从而达到净化园林中的废水，使被破坏的水生系统可以被重建的目的；对自然界中某些由植被形成的群落进行仿生，从而使园林中的生态系统具有快速的自我恢复功能等。

2. 结构仿生材料

结构仿生材料是根据生物肌体的性能，模仿生物体或者其中一部分的材料。设计者从蜂巢上得到启发，根据蜂巢发明了蜂窝泡沫砖，这些蜂窝状材料，不仅隔热保温，而且结构轻质美观，在现代园林建筑设计中得到了广泛应用。下雨的时候，荷花的叶子比较干爽，这是因为在荷叶上有一层光滑且柔软的绒毛，它让荷叶虽然经过雨水打击但不会被打湿；与此同时，绒毛上承载着的水滴，可以迅速吸收荷叶上的灰尘颗粒，然后带着灰尘从荷叶上滚落下来，从而荷叶变得非常洁净。此种现象已经被广泛应用到一种带有自我清洁功能的涂料上。

在园林建筑设计中，最常使用的结构仿生是拉模结构，这一结构主要是人类受到了昆虫的翅膀在拉张的过程中产生的力学美的启发而创造出来的。而由德国当代著名景观设计师彼得·拉茨设计并以其名字命名的花园，更是将仿生结构及空间设计理念注入其中：用"可俯瞰的恐龙""龙骨"形式作为花园的路，作为设计亮点的恐龙脊骨则是努力做到与真实的恐龙脊骨相像，并且恐龙脊骨内更是挖了圆形凹槽，既增加了空间，又增加了层次，使"龙骨"对于游人来说既可近处赏玩，又可远观其形。

3. 色彩和质感、图案仿生

在园林中对仿木、仿竹、仿石材料的运用，能给人朴实、自然的感觉，可缓解人们因工作而引起的疲劳与压力。

4. 化学成分仿生

园林设计中常用的材料贝壳，抗张强度高，它的成分很简单，分别是石灰石、蛋白质，两者粘结成坚不可摧的整体，不需要高温烧结。

5. 仿生材料在形态方面的应用

在此方面，我国的园林设计师主要从两个方面对形态仿生进行了有效的应用：于抽象式的形态仿生和于具象式的形态仿生。园林规划设计中的于抽象式的形态仿生设计，是以自然界的生态环境为依据而逐渐地发展和衍生出来的仿生设计。正常情况下，此种仿生设计主要就是通过反映一些简单形体具有的本质特征来表现形态方式。此种仿生技术的应用，可以使园林的设计更加丰富，使园林的景观更加优美。于具象式的形态仿生设计主要是通过将自然界中各类型生物具有的形态结构、颜色的搭配以及生长的环境为基础进行设计。此种仿生技术的应用，可以将自然界中具有的和谐美有效地融入当前我国园林的规划设计中。

仿生材料在现代园林设计中的应用处处可见。园林的设计是人们与自然对话和融合的重要纽带，是实现人与自然环境的和谐相处的重要媒介。仿生材料作为园林设计的一种新手段、新方法、新思维，在现代园林设计中扮演着越来越重要的作用，设计师通过仿生材料来表达自己对园林设计的理解，为人们解决人与自然和谐共处这一重要话题提供了有价值的思考。

总而言之，在自然界中，生物的种类、造型是多种多样的，颜色也是五彩斑斓的，各种生物结构也是千奇百怪的；大自然中的生物具有的此种特色，使其为负责园林规划设计的设计师们提供了十分丰富的灵感资源。将仿生材料设计技术应用到当前我国园林的规划和设计的工作中，不仅可以使建设完成的园林景观带有极高的亲切感，还能够实现人类与园林建筑同自然环境之间的和谐统一，使园林规划中返璞归真的设计理念可以真正被实现。

三、智能材料及其在绿色建材中的应用

智能材料是具有一定感知和记忆能力的多功能材料，主要就是能够很好进行各种对于环境处理，实现自我诊断和调节作用的复杂生物系统材料。由于智能材料具有传统材

料没有的特殊性，所以更加有非常突出的特点和广泛应用，也将是未来建筑行业发展重要材料。

（一）智能材料的概念的特点

具体地说智能材料具有一定内涵，主要就是感知功能。比如对于光、电和热的刺激等都有非常敏感的感知能力。另外就是具有一定的驱动能力，可以很快速地反应外界变化，还可按照设定方式进行很好选择和控制作用，可以非常灵活地对于记忆进行很好记录，最后就是可以对于各种刺激可以进行非常好的完善和恢复工作。对于智能材料来说最重要的指导思想就是多功能和仿生设计方面，智能材料具有一定的智能功能，可以对于各种外界刺激和生命特征进行很好传感和反馈。比如有很好的传感到外界环境条件的负载和变化，对于各种辐射和外界变化都可以很好感知，可以很好地反馈系统中信息所控制的物质，对信息有非常完好的识别能力，还可以根据外界环境将信息进行积累，对于环境变化做出非常好的反应，同时还可以采取各种措施进行分析和诊断。对于故障问题可以及时进行处理，对于失误可以及时进行分析，通过修复能力进行自我繁殖和再生能力，还有很好的调节能力，不断对各种变化进行自身结构调整，使得材料系统可以得到很好优化和做出规范性措施。

（二）智能材料的工作原理

智能材料一般都是由基本材料、敏感材料、驱动材料、其他材料及信息处理器等几个部分进行组成，对于基本材料就是负担承载轻质材料，或者高分子材料和耐腐蚀性材料，就是对于金属材料进行非常好的选择作用。敏感材料就是指的是可以负担传感任务，对于环境变化进行非常敏感感知能力，可以使得材料记忆和变化点到很好适应能力。驱动材料就是指的是在一定条件对材料进行很好控制，主要包含压电材料和光纤材料等很多类型。其他材料主要就是导电材料、磁性材料结合半导体材料等。最后就是对于信息处理器的研究，这是最核心的部分，能对的传感器信号进行非常好的处理。

（三）一般智能材料的主要分类

1.智能材料一般按照功能可以划分为光导纤维、压电和电流变体等很多种类型。如果按照来源不同，可以分为金属系智能材料、高分子智能材料和无机非金属材料几个类型。智能传感材料，主要就是对各种热、电和磁等信号刺激监测工作，可以感知反馈能力，也是智能材料必须的材料，比较典型的就是传感材料、光纤和微电子传感器等，光纤在智能材料结构中是非常常见的材料，可以感知到很多物理参数和温度变化等数据。

2.智能驱动材料，主要是对温度和电场变化进行很好形状和位置分析，也是最常用的驱动材料，可以很好记忆，进行数据统计。

3.智能修复材料就是模仿动物进行结构再生和恢复能力，采用黏结材料和材料相互符合的方式，对于材料的损坏进行很好自愈和再生能力，提高材料使用能力。

4.智能控制材料对于智能传感材料的反馈信息进行很好记忆和存储能力，同时还可以进行智能驱动材料修复。主要就是对于微型计算机智能控制，在控制过程中，可以使用高层控制集成水平，在实际应用中可以进行程序模拟，能够解决好各种复杂问题。

（四）绿色智能建筑材料的种类研究

1.智能建筑材料分类可以分为很多种，首先是智能混凝土，这种材料本身具有一定感应能力，在混凝土复合部分可以使得材料具有一定自感功能，目前可以分为三个类型，聚合物、碳类和金属类，其中常用的就是碳类和金属材料，另外还有就是金属片和金属纤维等。对于碳纤维主要就是水泥复合材料的电阻变化和内部弹性变形问题，要对电阻率进行很好弹性断裂分析，还可以对复合材料进行检测和静态控制。在疲劳的情况下可以进行适当降低，也就是对混凝土进行疲劳监测工作，还可以利用材料对建筑物内部和周围环境进行监控工作。

2.对于自调节混凝土，人们希望混凝土结构除了可以进行正常负荷外，还可以在受到台风和地震等影响时不断地调整承载能力和缓解震动。对混凝土惰性进行合理之别，要进行必要复合驱动功能。目前很多大学研究都可以看出混凝土复合电黏性流体研制调节材料都比较多，对于电流变体也是一种通过外界电场作用下进行控制的。弹性进行流体双向变化分析，在受到外界电场作用下，可以组合电场增加完全固化的研究，还可以恢复流体变化状态。

3.对于智能乳胶漆的耐候和防水灯功能研究，可以根据室内外的紫外线进行墙体变化亮度分析，合理解决室内光线的问题，对于自我调节能力可以进行很好地特殊性分析研究，结合对于光的折射变化，使得人体的视觉更加复合高分子稳定性，使得产品受到不同环境激活，稳定产品的分子整体结构，自动调节好适应能力和状态。

4.智能玻璃，就是一种具有很好采光、调光和蓄光功能的新兴生态建筑玻璃，可以在太阳能温室效应和节能方面进行很好的空间分类，同时还可以对于大多数的智能光学玻璃进行很好智能应用。这种玻璃主要分类有，光导纤维、荧光聚光玻璃和变色玻璃等。这些玻璃如果应用到建筑中就可以起到很大作用，可以很好改善建筑整体采光效果。

（五）智能化绿色建筑应用分析

1.智能建筑材料应用可以从智能建筑皮开始，就是外在应用方面，很多外国建造师对于智能建筑皮的研究，进行很好框架拉伸外包处理，就是把建筑外面可以制作得像一个皮球，这样可以很好节省空间，同时再应用上高科技的照明、照明和新型信息处理方式，就都可以对建筑从外面开始进行整体的改革。智能建筑皮材料就是利用气凝胶进行绝热处理，就是白天可以吸热，晚上可以进行放热，这种表面皮还可以做到对于太阳能电池的蓄电能力，可以很好收集阳光进行很好供电。

2.另一典型的代表就是对于智能玻璃的使用方面，可以使用智能玻璃对建筑外墙体进行很好技术处理，减少光污染现象，大量能源消耗，对于室内卫生质量可以进行很好地处理，主要就是能很好地处理建筑整体通风和空调系统自动控制能力。核心技术就是使用传统的技术方法对建筑墙体进行新型改造和应用，这样可以很好提高建筑采光。

智能材料实际上就是一种仿真生命系统，就是一种利用对于建筑外部感知度和提供一种针对材料进行自身反馈机制，适应材料各种性能，可以很好地改善建筑整体质量，保持建筑原本的美感和高科技感。智能化产品也是现代绿色建筑开发和应用的重要内容，在一定程度上建筑会直接影响到生活水平的提高，发展智能化绿色建筑材料可以很好满足人们对于高品质生活水平追求。

第七章 建筑绿色低碳研究

第一节 绿色建筑与低碳生活

一、中国绿色节能建筑现状与面临的问题

党的十九大提出，必须坚定不移贯彻创新、协调、绿色、开放、共享的发展理念，绿色节能建筑思想在中国得到了进一步发展。近年来，中国创设了"中国绿色节能建筑创新奖"，意味着中国正式且全身心地进入了提倡绿色节能建筑的工作阶段。但是作为新兴理念的绿色节能建筑面临着很多的问题，其发展也相应受到了很多因素制约。

（一）绿色节能建筑知识与理念的缺乏

中国作为一个能源消耗的大国，随着市场经济的飞速发展，不可再生能源短缺等问题日益突出。但中国的建筑设计人员以及施工工作者对绿色建筑知识与理念接触较晚，使之难以发挥自身的主观能动性，进而导致过去实施绿色建筑发展战略步伐缓慢。

（二）强有效的法规与政策的缺失

多年来，国家对扶持以及引导绿色建筑等理念缺乏强有效的法规政策，中国目前的法律与法规仅仅是对能源、水资源、土地以及原材料等的节约作了简单规定，但这一简单规定并没有设立统一的参考标准规范，导致绿色建筑工作的实施长期滞后，也成为中国全面构建资源节约型国家的一个相对薄弱的环节。

（四）新技术和系统其标准规范的缺失

西方一些发达国家其绿色节能建筑早已在经济发展以及能耗率持续降低两方面获得很大程度的突出成就，借鉴西方的成功经验对推动中国绿色建筑发展的步伐有很重要的意义。即使中国也设定了相应的建筑节能标准，但是有关建筑的"节水、节材、节地、节能"与环境保护的标准体制还尚未完善。

二、绿色建筑和低碳生活共同目标

绿色节能建筑与低碳生活即意味着节能。节约自然能源——节能、节水、节地、节材。低碳经济与低碳生活即是以低污染与低能耗作为底线的经济。低碳生活与低碳经济不单单表示制造业需加快取缔高污染与高能耗的相对落后的生产力，促进节能减排类型的科技创新，同时也引导人们去反思哪一种类型的生活方式和消费模式是对资源的浪费以及增加了排污量，进而充分地发挥消费生活等领域节能减排的潜能。

绿色建筑以及低碳生活的共同目标即为通过人们的建筑行为和消费的行为来实现人和自然的和谐共处，保证为人类长期生存发展提供所必需的自然能源、环境等基础条件。因此，人类务必要控制并约束其行为消耗自然能源的水平、规模以及频率，以确保自然生态系统功能的完整性，实现人们生存观的完善、进步与优化，以科学合理的发展理念来实现自然可持续的发展诉求。通过提高创新水平以及高新科技的广泛应用与推广，减少能源的消耗，以达到宜居和谐的生态环境。要积极发现再生资源、新资源、循环资源和可替代的资源，进而缓解并解决压制威胁人类发展的自然资源和环境因素。

三、推行绿色节能建筑的根本思路与对策

中国的绿色建筑推行时间相对较晚，在设计与施工方面缺乏成熟的经验与技术。建筑所具备的自身使用年限，作为一种高价消费品，不可能频繁地进行更新，因此延长建筑物其使用年限可以降低废料产生，同时也可以节约资源。中国要想推行绿色节能建筑，务必要针对目前所面临的问题，来增强并发挥政府导向与管理的能力与作用，及时地提出切合实际的绿色节能建筑作业思路与对策，加大推行绿色节能建筑工作的快速稳步开展。

（一）推行绿色节能建筑的工作理念

从建筑法律法规、规范标准以及创新技术等的方面全面推行绿色节能建筑。

从建筑立项、设计、规划、施工、竣工验收以及维护等环节实施全过程的监督管理。

（二）推行绿色节能建筑其重要对策

因为中国耕地的面积在逐步减少，其高层建筑的存在不单单解决了人类住房问题，同时占地面积也相对较小，把一定的土地能源进行充分的利用，遵循一定的建筑节能和人与自然共存的建筑原则。

制定更加广泛全面的建筑节能标准和技术规范，鼓励和唤起全民的节能意识。绿色建筑设计要根据当地的具体情况、风俗习惯，尽量使用节能材料，将建筑节能与技术创

新相结合和。

（三）绿色建筑的节能设计对策

绿色建筑的根本是节能。因此做好节能设计是实现绿色建筑的最主要途径。

1.建筑屋顶与外墙节能设计对策

外墙和屋顶保温原措施的运用起到一定的保温和隔热效用，确保在冬天温度低的地区，夏天温度高的地区室内有着舒适的生存温度，在一定程度上，节省了冬天取暖及夏天降温所使用电力等资源。对屋顶与外墙实施绿色环保节能的设计不但节省了国家资源，同时也调节室内温度，为人们创造了较好的生存环境。

2.建筑门窗节能设计对策

建筑的门窗重点有通行、采光以及通风的作用，同时也是绿色建筑设计之中需做主要处理一个环节。扩大建筑物门窗的面积，加强建筑物室内的采光以及通风效果，确保室内空气的质量，但是对室内隔热与保温设计带来一定程度的难题，所以中国相继推出一些较为强制性的规定，明确建筑开窗的面积比例。假如一味地追求绿色建筑节能的功效，导致开窗面积过小，将不利于建筑室内空气流通，进而使人有一种压迫感。所以科学地对门窗进行节能设计才可以真正实现绿色建筑目标。另外，严格控制门窗的密封性能和隔热效果也是建筑节能设计和施工中不可忽视的重要方面。

四、绿色建筑设计中加大对可持续资源的运用

（一）太阳能的利用

太阳能是一种清洁能源。在建筑中，太阳能热水器的运用为人们创造了非常方便的热水，不仅环保而且经济。其次太阳能路灯、观赏灯在许多地区已被广泛利用。光伏发电技术的推广应用使得太阳能发电渐渐地取代部分火力式发电，节省了社会的煤炭资源，遵循低碳生活的导向。

（二）风能的运用

中国有着非常富裕的风力能源，但其总体的使用率相对很低，2005年中国的风力发电产生的总量只占全国发电总量的2%，是印度的1/4。近年来风能利用在我国逐渐增多。但整体来讲中国还尚未步入风力能源的广泛运用阶段。因此我国应当推行风能的使用，在设备与技术上，我们可从一些西方先进的国家引入，在一些合适的地区完全可将风能式发电取代火力式发电，可以有效地节约资源并提升当地的空气质量。

人类的生存过程，即为消费能源与自然排放的一个过程。二氧化碳作为人们消费能

源的产物，同时也是导致温室效应问题的重点。随着人类数量增加与活动能量膨胀，人类活动已严重危及自身生存环境。党的十九大提出，必须坚定不移贯彻创新、协调、绿色、开放、共享的发展理念。推进绿色发展，加快建立绿色生产和消费的法律制度和政策导向，推进资源全面节约和循环利用，倡导简约适度、绿色低碳的生活方式，反对奢侈浪费和不合理消费，开展创建节约型机关、绿色家庭、绿色学校、绿色社区和绿色出行等。为今后可持续的发展道明方向，也使群众更进一步地关注低碳经济的施行。

中国对全世界公开承诺减排指标，即到 2020 年其温室气体的排放量比 2005 年降低 40% 左右，低碳生活已如约而至，正贯穿于我们日常的生活。在日常的生活中，需要每个人做到节电、节水、节地、节气、节碳、节油，从每一个人做起，从此刻做起。低碳生活是人类构建的绿色生活模式，只要积极行动，人人参与，就能够接近低碳生活，实现低碳生活的目标。

总之，发展绿色建筑，倡导低碳生活，是党的十九大提出的"要坚持环境友好，合作应对气候变化，保护好人类赖以生存的地球家园"的具体实践，是全人类共同的责任，是构建人类命运共同体的重要组成部分。只有这样，才能实现从"高碳"到"低碳"的时代跨越，从真正意义上实现人和自然的和谐共处。

第二节　低碳理念下绿色建筑发展

随着时代的不断发展，我国城镇化建设进程不断加快，中国也是世界上建筑市场较为大型的国家之一。随着我国建筑业的不断发展，相应的污染排放与能量损耗也随之上升，加之空调、采暖设备的使用，我国目前建筑业二氧化碳排放量占总体的百分之三十，环保的重要性开始凸显，"低碳发展"这一理念的提出引起了社会的广大关注。要想更好地推进社会建设，低碳理念的重要性不言而喻，绿色建筑指的是能够达到节能减排目的的建筑物，低碳理念下绿色建筑的发展对于降低社会二氧化碳排放量无疑有着重要的意义。

一、低碳理念的实现原则

低碳理念贯穿了经济、文化、生活等多个方面，其核心主要为加强研究与开发各类节能、低碳、环保等能源技术，从而达到共同促进森林恢复和增长，增加碳汇，减少碳排放，减缓气候变化的目的。低碳理念的施行可以有效缓解目前常见的资源狼类、生态赤字扩大以及资源环境破坏较大的现状。基于低碳理念的绿色建筑建设需要遵循以下几项原则。

可再生资源是人们目前正在研究与开发的主要方向，将可再生资源运用至绿色建筑中可以有效降低绿色建筑的能源损耗。可再生资源的利用可以有效降低建筑所耗成本，同时也达到了节约资源的目的。目前人们正面临着资源枯竭的难题，可再生资源的开发与利用为人们指明了新的发展方向，然而由于目前可再生资源的开发与利用还有待发掘，国内大部分行业依旧采用传统的能源工作方式，建筑业便是其中最具代表性的行业之一。建筑业作为我国较为大型的产业之一，为社会的发展以及经济增长提供了不可磨灭的帮助，然而建筑业的发展也导致能源损耗以及碳排放量大大增加，节能是低碳理念的核心内容，基于低碳理念下，在进行绿色建筑的设计时应当充分利用可再生资源，例如太阳能、风能等，借助这些能源实现建筑电能以及暖气的提供，可以有效降低建筑所耗能源。对于修建在半地下以及地下的建筑，则可以考虑地热能这一能源，从而实现建筑物冬暖夏凉的功能。

在设计建筑物时，设计团队可以对建筑物的地理环境进行提前考察，在设计图纸时应当充分考虑建筑的朝向以及建筑物的间距，尽可能避免建筑长期处于阴凉地段，长期太阳光照可以帮助用户充分利用太阳能这一可再生资源实现能源转换，从而满足日常生活的能源需求，减少能源损耗。同时应当注重建筑通风口以及体型的设计，保障建筑的流畅通风，降低制冷能源的使用率，将低碳理念践行至生活中的方方面面。最重要的便是建筑物稳定性的保障，避免建筑出现受潮等现象。窗体比例是建筑物的重要组成部分，合理的窗体设计可以有效避免出现建筑能耗增加的状况，因此在设计建筑时应当减小窗体比例，避免出现冷风渗透导致建筑内部能耗增加的现象。

二、低碳理念在绿色建筑中的贯穿

由于太阳能是可再生资源，因此通过在绿色建筑内部增设采集太阳能并转换的设备可以实现建筑物的保温，同时可以有效降低建筑的整体能源损耗。太阳能作为环保能源之一，其具有无污染、纯净、可再生等特点，对于绿色建筑的发展而言，太阳能资源的利用可以达到保护环境的目的。不仅如此，众所周知太阳光的辐射短波具有杀菌消毒的作用，当太阳光照强烈时，也可以起到清洁建筑物整体环境的作用，为人们日常生活的环境提供健康保障。

对于绿色建筑而言，仅仅建筑表面接收强烈光照是远远不够的，在设计建筑的过程中应当尽可能保障阳光朝向的房间拥有较大的窗口，同时地面设计应当为蓄热体，当阳光通过窗口照射进房间时，地面蓄热体便可以开始存储热能，从而实现房间保温的功能，不仅如此，其他房间也将得益于地面蓄热体的功效从而实现整体保温的目的。然而该项设计在夏天容易造成房间温度过高，因此在设计时应当在窗体上设计可调节排气孔，以便住户在夏天做好遮阳避暑措施。

在设计绿色建筑时应当考虑建筑物朝向这一影响因素，合理的朝向设计可以帮助南朝向的房间在冬季获得大量的光照，从而提高室内温度，同时可以在房间内增加保温板，防止夜间出现热量流失的状况。建筑物墙面的设计也应当尽可能使用保温材料，从而使室内温度维持在相对良好的状态下。考虑到冬季温度较低，为了保障室内温度同时尽可能降低能量损耗，因此在保障室内通风良好的前提下，应当尽可能减少开门窗的数量。根据不同建筑所处的地理环境，建筑的设计可以有所变更，假如建筑物处在迎风地带，则可以根据建筑物周边的环境进行建筑物的设计，从而实现防风功能。

三、低碳理念在绿色建筑发展中的具体应用

（一）利用太阳能

太阳能是当前利用最为广泛的可再生资源，对太阳能利用技术进行创新，尤其在绿色建筑建设过程中需加强太阳能技术的应用。太阳能技术的应用可采用主动式的方法，借助机械来获得热量，如太阳能热水器、太阳能集热器及相关的设备；也可采用被动式的方法，即通过建筑结构以自然的方式来获取热量。

（二）保温节能设计

在当前的建设过程中，要加强建筑的保温性能，减少绿色建筑的能耗损失，同时要采取相应的保温措施落实低碳理念。另外，要根据绿色建筑的使用性质，对建筑的热特性进行设计，并使其具有一定的稳定性，保证室内温度差异不大。

（三）有效控制施工成本

在当前的绿色建筑建设过程中，要对施工成本进行有效控制，从而提高经济收益，进一步推动生态效益的提高。但是，从当前的工程造价管理来看，缺乏对施工管理的动态控制，因此要进行动态的成本控制，进一步提高绿色建筑技术应用效果。

（四）应用节能环保材料

在当前的绿色建筑建设过程中，要对新型建筑材料进行开发，加强对不同种类节能环保材料的应用，尤其是生态环保材料，能有效降低能量损耗。同时，生产企业要根据

绿色建筑标准来对建筑产品进行有效的开发，加强对废弃物的利用。比如，对建筑建设中废弃的再生骨料进行利用，形成水泥制品、再生混凝土；利用建筑工业废弃物制作墙体材料、保温材料，这些可以充分地实现资源利用最大化，推动绿色建筑发展，引导绿色建筑朝着低碳节能的方向发展。

在绿色建筑的发展过程中，应利用低碳理念加强对绿色建筑技术的改造，同时要考虑市场供需关系及消费者的不同需求，对建造成本进行有效的控制，最大限度地扩展绿色环保材料的应用。同时，当前生态环境进一步恶化，节能减排成为当前建筑行业面临的重要任务，因此，要降低建筑产业的碳排放，进一步提高资源利用率，促进绿色建筑发展。

第三节　绿色建筑低碳节水技术措施

在我国，绿色建筑主要指能够为市民提供舒适、健康、环保、安全的居住、工作和日常活动空间，建筑规划、原料使用、建筑设计、施工建设、建筑运营维护与配置安装均秉承绿色环保理念的建筑。绿色建筑低碳节水技术施工是绿色建筑施工的重要分支，起到节水作用。在绿色建筑施工过程中贯彻落实低碳节水理念，在确保市民日常生活质量的前提下尽量减少用水量，避免水资源浪费与污染，提高水资源循环利用效率。

一、绿色建筑节水评价标准

从基本内涵分析，绿色建筑节水指节约用水，将低碳节水理念深入绿色建筑设计规划、施工与使用活动中。通过配置节水技术设施在确保市民正常生活的前提下控制水污染，减少水资源耗用量，避免水资源浪费，提高水资源循环利用效率，实现水资源的综合利用，确保供水质量与用水安全，做好水环境保护工作。从标准视角分析，我国已在2006 年首次颁布《绿色建筑评价标准》（GB/T 50378—2006），该标准体系兼具多层次、多目标两大特征。随着绿色建筑产业的不断发展，绿色建筑标准体系不断丰富和完善，确立了绿色建筑低碳节水技术标准体系。

（一）绿色建筑标准评价体系

1. 节约用地面积和室外环境。

2. 节约能源和能源科学利用。

3. 节约水资源和水资源利用。

4. 节约材料资源和材料资源循环利用。

5. 室内环境质量评价。

6. 施工管理评价。

7. 运营管理评价。

七种评价指标的总分均是 100 分，每一指标的评分分项大于或者等于 40 分；绿色建筑评价总分是各类指标得分和其所对应的权重乘积的和。绿色建筑总得分所对应的等级分为三个级别：第一等级是一星级，分数为 50 分；第二等级是二星级，分数为 60 分；第三等级是三星级，分数为 80 分。绿色建筑项目管理工作兼具综合性、时间性与创造性三大特征，组合内容包括整体项目管理、范围性管理、时间进度管理、成本费用管理、项目质量管理、人力资源管理、信息沟通管理、项目风险管理和项目采购管理。时间进度管理（简称进度管理）、成本费用管理（简称成本管理）和项目质量管理（简称质量管理）更重要。项目管理工作属于一个总系统，该系统会将不同工作类型划分为不同的分支系统，各分支系统各司其能，确保项目管理工作的顺利完成，以达到获取项目效益的目标。绿色建筑项目管理评价工作非常重视加强项目管理组织，在具体工作中，应明确组织内部的排列顺序，合理界定组织范围，优化组织结构，处理组织要素间的关系。秉承分工协作理念，优化职务设定机制，科学划分责任，完善权利保障体系，构建职权、责任、义务一体化的动态结构体系，将绿色建筑项目管理组织制度细分为职能制度、直线职能制度、直线制度、事业部制度、模拟分权制度、委员会制度、多维立体制度、矩阵制度等。

（二）绿色建筑低碳节水技术标准

1. 对于参加运营阶段评价活动的新建筑，应确保其平均日用水量符合节约用水的定额标准。

2. 将用水点供水压力控制在 0.3 MPa 以下，确保供水系统没有超压和出流现象。

3. 针对建筑内部浴室项目采取节水技术措施，避免出现漏水问题。

4. 为新建建筑配置安装节水器具，尽量提高器具的节水效率。

5. 针对绿化节水灌溉活动采用相应的节水技术措施。

6. 针对空调系统的节水冷却设备、道路与车库冲洗设备，采取科学的节水技术措施。

7. 依据不同建筑结构类型与不同的利用方式，为非传统水源的利用率设置得分。

8. 优化非传统水源运用方式，完善水质的安全保障体系。

（三）绿色建筑低碳节水技术管理子项目

1. 控制项

该子项目条文指出应制定合理的水资源循环利用方案，综合运用不同的水资源；优化给排水系统，确保系统设备的完善性、节水性和安全性；安置低碳化节水器具。

2. 评分项

（1）节水系统（共计 35 分），日用水量应满足总分 10 分，控制管网漏损 7 分，减压限流 8 分，分项计量 6 分，公用浴室节水 4 分。

（2）节水器具与设备（共计 35 分），使用较高用水效率等级的卫生器具 10 分，绿化节水灌溉 10 分，空调节水冷却技术 10 分，其他用水节水 5 分。

（3）非传统水源利用（共计 30 分），非传统水源利用率 15 分，冷却补水水源 8 分，景观补水水源 7 分。

3. 加分项

该项目条文指卫生器具的用水效率均达到国家现行有关卫生器具用水效率等级标准规定的 1 级，分数为 1 分。

节能环保理念是现代社会经济可持续发展的主要依据。绿色节能建筑的发展推动了我国建筑节能技术的发展，其中低碳节水技术就是建筑水系统的核心节水技术。这项技术就是为了实现低消耗、低污染以及低高碳排放量，从而降低绿色建筑水系统能耗，提高水资源的利用率，达到降低温室气体排放的效果。根据绿色建筑低碳节水技术的具体情况，分析和研究实现该项技术中存在的问题，并寻求切实有效的措施，促进绿色建筑低碳节能技术的可持续发展。

二、供水系统低碳节水技术与减碳

在绿色建筑结构体系中，供水系统是建筑水系统的重要组成部分。供水系统中的低碳节水技术不是单一的，而是由不同组成部分集合起来的，如分质供水、节水设备的使用、降低无效热能等节水技术。这项技术的应用在很大程度上降低了水资源浪费，降低了供水系统输送水资源过程中的能源消耗，减少了无效能源的消耗，进而削减了供水设备长期运行产生的温室气体，为实现真正的低碳环保奠定了良好的基础。

（一）分质供水

分质供水的方法是为了更好地对水资源进行使用，因不同水质在温室气体排放量上存在一定的差异，运用分质供水技术能够对高品质的水资源进行高规格的应用，而低品质的水资源就可以被低规格使用，这样就实现了科学合理用水的原则。通过这种技术能够把我们生活中不经常使用的水资源进行有效利用，如雨水和海水，采用分质供水技术能够将雨水中含杂质和有污染物的部分清除开来，把品质较高的雨水通过消毒、检验等程序转换成生活用水，海水的分质可以将部分含盐量降低的海水进行分离，并通过特殊手段降低含盐量，也可供生活使用。对不同水质进行不同程度的处理，能够有效地降低处理过程中的能源消耗，也能够降低二氧化碳的排放量。提高雨水和海水的使用效率，能够减少居民污水和工业污水的排放量，从而降低为企业生产经营与居民生活起居供水过程中供水系统所消耗的能源，减少温室气体的排放量。

（二）节水设备

现代科学技术水平不断提高，促使更多新型的节水设备出现，在绿色建筑工程项目中的应用越来越广泛。生活中经常能够见到一些节约器具，如地铁站卫生间中使用感应水龙头、节水便器等。使用节约器具能够减少15%左右的水资源浪费。在绿色建筑中，要实现低碳节水技术的应用，节水设备的安装和使用是非常重要的，不仅能够在用水过程的每个环节起到节水作用，还能降低节水设备在运行过程中消耗的能源，有效避免了供水系统运行造成大量温室气体的排放。

（三）限压出流

绿色建筑工程项目在满足相关给排水系统设计规范的前提下，能够根据水系统超压出流的实际情况，提出相对科学合理的限定措施。实现减压出流，需要在建筑工程给排水系统中安装减压设备，有效地控制供水压强。进行限压出流是为了避免水资源浪费以及供水系统附带的工作效率。同时限压出流能够降低建筑企业投资成本，从某种程度上降低了温室气体的排放。

（四）减少无效热能

绿色节能建筑的最大特点就是在建筑的各个环节都能够体现其节能环保的观念。在供水系统中，要控制热能的无效使用，降低水热器、太阳能等在加热和散热时消耗的能源和热源，需要结合用户在水温、水压、用水量以及热源供应效果等因素进行综合考虑，选择具备高效节能的加热和贮热设备。先进的节能设备是实现低碳节水的有效途径。在热水使用集中的绿色公共建筑中，需要配备完善的热水循环系统，并对系统进行有效的管理，避免热源的消耗，降低因加热降温造成的高碳气体排放，从而推动绿色建筑低碳节水技术的有效应用与发展。

三、雨水处理低碳控制技术与减碳

我国雨水分布不够均匀，大量的雨水资源并没有得到有效的利用，这也是我国水资源贫乏的原因之一。在雨季，初期降雨由于地表污染物的混合冲刷，使得初期雨水水质较差，这样的雨水采用低碳节水技术没有实质性的效果，因为污染严重的雨水不仅加大了处理过程中的能源消耗，还扩大了投资成本，同时雨水处理过程中，机械设备运行会产生温室气体。针对绿色建筑低碳节水技术的应用和推广，对雨水进行有效的利用，还能够起到低碳环保的效果。

（一）雨水源头的截流控制技术

控制雨水源头，能够有效地实施雨水截流，提高雨水的使用效率。一般在雨水控制截流技术的主要方式是对雨水冲刷地区的地表进行改良，增加植被覆盖面积等方法。这样能够降低雨水冲刷造成的地质危害，还能控制污染物对雨水的侵袭。雨水污染成分降低了，就能够减少后期对雨水处理过程中的能源消耗，进而降低机械设备运行温室气体的排放量。

（二）雨水径流控污技术

针对雨水径流的流向制定相应的延缓控污措施是促进低碳节水技术应用的有效方法。雨水径流延缓控污技术的主要内容是通过地形改造来对雨水进行储存，并进行局部雨水储存的污染控制，延长雨水径流路线也能够起到延缓控污的作用。这项技术的实施，能够减少供水系统在一定时间段内的水力冲刷和负荷，削弱水资源径流过程中的污染负荷。雨水径流延缓，能够减小输水管道的管径，降低管网布置的投资成本，从而间接地降低温室气体的排放。生态植物系统的建立和运行，能够降低雨水径流污染负荷，当雨水流入城市污水处理厂时，雨水中的污染物在高能耗生物处理过程中排除大量二氧化碳，而生态植物系统中植被吸收了这些排出的二氧化碳，进而降低了二氧化碳的排放量。

（三）雨水生态净化技术

雨水储存可以来自日常生活中的各个地方，对储存下来的雨水进行生态净化不仅能提高水资源的利用率，还能降低供水系统运行后能源消耗和温室气体排放。在绿色建筑工程项目中，可以有效利用小区环境景观功能，在绿色建筑小区建立小型的雨水储存设施，并利用生态处理的方式净化雨水。雨水生态净化技术的实施，能够减少日常雨水收集、处理、运输等过程中的成本投入，也能降低日常运行中温室气体的排放量。

四、绿色建筑低碳节水技术在非传统水源中的应用

绿色建筑低碳节水技术不仅仅应用于传统水源，还能应用在非传统水源中。结合绿色建筑可利用的景观设施和储存设施对非传统水源进行收集和储存，并利用生态处理技术对有较重污染负荷的非传统水源进行处理。同时也可以在绿色建筑中修建人工湖，在雨季时，能够起到储存非传统水源的作用；到旱季，就能够抽取人工湖中的水资源补充

生活用水。这样既能起到美化绿色建筑的作用，还能为小区内的居民提供生活用水。在很大程度上减少了对传统污水收集、处理、运输的成本投入，减少了污水处理系统和供水系统运行中能源消耗以及温室气体的排放。另外，非传统水源的自动回收以及生态处理的有效利用，减少了供水企业取水、净化、配送等方面的资源和能源消耗，间接地降低了温室气体的排放。

通过了解和分析绿色建筑低碳节水技术在非传统水源的应用效果，我们应该把非传统水源利用起来，通过科学合理的生态处理，不仅减缓了实际生产生活中用水困难的问题，还能实现节能环保、低碳用水的理念。

随着现代化建设进程的不断加快，建筑节能技术应用于建筑的每个环节，绿色建筑成为现代建筑行业发展的目标。在绿色建筑水系统中实现低碳节水技术，不仅能减缓全球气候变暖的速度，还能为社会经济发展提供可持续发展的良好条件。通过了解和分析绿色建筑低碳节水技术措施及实现过程，我们能够清晰地认识到低碳环保在现代社会的重要性，也能够提高水资源使用率，降低资源浪费和能源消耗，进而降低温室气体的排放量。在绿色建筑中，我们不能仅仅局限于传统水源的低碳节约技术应用，更要将这项技术充分应用于非传统水源体系中，从根本上实现低碳环保、节约用水理念，进一步推动低碳技术在不同领域节能技术应用，降低温室气体的排放量。

第四节　低碳概念下的绿色建筑设计

近年来我国积极响应低碳环保号召，在建筑工程中，从设计、施工等各个方面进行低碳控制，低碳绿色设计已经成为建筑工程的设计趋势。

一、低碳概念下绿色建筑设计的要求

（一）建筑应用安全材料

对于建筑材料的选择尽量选取绿色、安全、无污染的材料。混凝土和人造木板分别会产生氡气和甲醛，对人体健康的影响很大，并会对环境造成不可逆的影响。在建造过程中使用可再生材料降低对环境的污染，还可避免建材的浪费，降低对环境的二次污染。

（二）建筑应用绿色植被

绿化植被的铺设是绿色建筑低碳概念中不可或缺的一部分，进行绿色建筑低碳设计时，要加强绿化面积的设计，加大绿化植物在环境中的密度，在城市绿色建筑规划设计中，一定要科学地规划交通线路，合理调整城市环境布局，最大限度地加强人工环境与自然环境的有效融合，这样有利于促使建筑环境的可持续发展，进而实现绿色环境下的建筑设计。

（三）建筑应增加可用面积

增加建筑物空间的可使用面积是低碳概念的一部分，建筑物面积的利用率不高是对能源和材料的一种浪费，无形之中增加了建筑物的能源消耗。对建筑物的可利用空间的设计，是对低碳概念的实践，不仅节约了建筑成本，还提升了绿色建筑的宜居程度。建筑设计师需要想方设法地提高现代绿色建筑空间的利用率，降低绿色建筑面积的总体需求，合理地控制住房面积的标准，将建筑的能耗降至最低，从再生能源利用的角度考虑问题，进行户型设计时充分考虑建筑空间的灵活性和可变性，同时还要考虑建筑使用功能变更的可能性，既有利于延长绿色建筑的使用寿命，又有利于减少建筑垃圾。

二、低碳概念下建筑设计的现状

（一）低碳概念认知问题

要想将低碳概念顺利应用到绿色建筑设计活动中，应该对其进行深入分析，从而确保建筑设计质量。部分设计人员对低碳概念的了解较片面，在实际设计过程中容易出现各种问题，无法设计出满足绿色建筑要求的方案，建筑设计中低碳环保理念没有得到充分展现，影响了设计效果。

（二）设计实践性问题

在绿色建筑设计中，低碳概念的应用需要将理论和实践充分结合，从而优化设计目标。但是在实际应用过程中，依旧会面临各种问题。部分设计人员比较重视低碳概念应用，缺少实践分析，导致设计和实践不能有效融合，最终设计效果不理想。部分设计人员的自身专业水平有限，缺少对低碳概念及相关理论知识的学习，无法保证设计质量。

（三）设计创新性问题

绿色建筑设计和低碳概念的充分融合，需要从创新角度入手，转变传统建筑设计观念，提升建筑设计质量。然而在实际中，部分设计人员依旧采用传统设计方式，没有做到与时俱进，从而导致低碳概念的应用效率偏低。

四、低碳概念下的绿色建筑设计应对策略

（一）建设节能低碳型系统

低碳设计目标的顺利实现，需要在现代化设备和技术配合下完成：一方面，设计人员应加强基于低碳概念的绿色建筑设计；另一方面，应对现有资源进行优化组合，这是实现低碳设计目标的关键。我国地大物博，区域资源禀赋差异较大，各地域的建筑均不相同，需要设计人员在开展绿色建筑设计的过程中，结合各地域的实际情况和特点，制定满足该区域要求的设计方案。例如，在北方地区，由于温度比较低，建筑设计需要适当增加总耗能中的采暖能耗比例，在煤炭资源应用过程中，不仅需要保证减排充分，同时还要寻找其他可替代的能源，让节能低碳环保目标得以实现。

（二）使用节能低碳材料

要想使建筑符合低碳要求，在建筑工程设计与建设中，无论是对建筑材料、设备，还是对建筑设计、施工，都要进行严格要求。通常情况下，建筑工程施工会给周围环境造成不良影响，尤其是高层建筑施工。建筑企业应尽量采用低碳型材料，在满足低碳环保要求的同时，实现材料的回收利用。

建筑企业在完成低碳材料的选择后，需要对其充分进行利用：需要对室内设计、建筑设计进行统一处理，提升两者之间的协调性，减少不必要的成本投放；需要将各类型的低碳材料应用其中，发挥低碳环保价值，实现资源科学分配，采用不同的环保材料，提升材料应用效率；加强对材料消耗情况的把控，尽量使用可循环利用的低碳材料。针对废弃材料，应重复使用能够循环应用的材料，以满足低碳建筑设计要求。

（三）规划节能低碳空间

把低碳概念作为根本开展绿色建筑设计工作，需要把低碳概念渗透到建筑设计的各个环节中，在低碳概念下，建筑不但需要具有完善的使用功能，同时还要让建筑和自然环境充分结合，形成有机整体，真正实现建筑和生态环境的和谐发展，让建筑不会对生态环境造成破坏，而是和生态环境相得益彰。此外，在绿色建筑设计过程中，通过合理利用建筑空间，可以让总体建筑物需求得以满足。建筑设计应对建筑面积加以科学把控，以降低建筑资源的消耗。对建筑空间的高效利用，不但可以延长建筑使用期限，同时也能让建筑产生的垃圾减少。规划节能低碳空间，可以减少能源消耗，实现低碳概念设计。

（四）采取节能低碳技术

绿色建筑设计需要注重施工技术的选择。在低碳概念下，建筑设计要求整体流程管

理真正实现低碳环保。通常情况下，节能低碳管理主要指在建设过程中，把低碳概念贯彻到各环节，其中包含低碳绿色管理、安全管理、规划管理及施工管理等。与此同时，需要将绿色环保技术应用到施工中，因施工建设会造成的光污染、噪声污染等，会给建筑周围环境带来直接影响。虽能给人们创建良好的居住环境，但也会给人们的身体造成损伤。相关人员应在建筑设计过程中，重视低碳环保，通过覆盖、洒水等方式对扬尘进行处理，将建筑设计和建设带来的影响降至最低，给人们提供良好的居住体验。

（五）加强自然资源利用

基于低碳理念，施工中应将自然资源应用进来，即对后期的建筑材料进行合理选择。建筑设计过程中需要综合思考对自然资源的应用，减少成本消耗，降低对周围环境的影响，使建筑能够实现可持续发展。建筑照明设计应在低碳环保理念下，注重对太阳能的采集和应用，尽量减少用电，实现节能环保目标。但仅依赖太阳能是无法满足建筑正常照明要求的，因此，要做到人造光和自然光的充分结合。另外，自然资源在建设设计中的应用也具体体现在降低用水量上。为保证建筑周围绿化具有充足水源，可通过设计雨水收集系统，将收集的雨水用于绿色植物灌溉，减少对水资源的浪费。

低碳作为绿色建筑设计的重要理念之一，需要将其渗透到建筑施工设计中，只有从低碳环保角度入手进行设计，才能更好地满足人们的居住要求。在设计阶段，相关部门需要对绿色建筑设计有深入认识，通过建设低碳节能系统，运用各种低碳环保材料，科学规划低碳空间，采用低碳施工技术，把低碳概念落实到绿色建筑中，从而打造符合人们健康需求的建筑，促进我国建筑行业稳定发展。

第五节　绿色建筑设计与低碳社区

低碳社区的建设是一项系统工程，内容涉及绿色生态、低碳经济、可持续发展等多项研究体系，还包括建筑生态设计及建筑节能技术的使用、新能源的综合利用、水资源的综合利用机制等问题。在考虑绿色生态和低碳经济的同时，也要确保居民生活的宜居性及经济发展的可持续性。

在低碳社区建设中，首先要倡导绿色建筑，引领建筑节能减排。其次是明确在这些绿色建筑之中，我们要如何才能做到有效地进行节能减排这一绿色措施。

政府职能部门还应提供相应政策服务、生态规划、建筑设计、新能源系统、服务培训等全方位的服务，切实做好绿色建筑的推广和低碳社区的建设，实现绿色低碳家园。

一、提高规划建设管理水平

低碳社区应提早规划建设，并且在有限的时间内，做到明确控制性详细规划覆盖率。完善低碳社区的建设整体实施方案，低碳社区实施中要设立规划建设管理部门，并配备专职规划建设管理人员，杜绝非绿色建筑出现。切实做到每个社区能够有效地进行低碳生活，并且能够保证每个社区在进行低碳生活的管理之中全方位地做到。对于居住小区和街道应无私搭乱建现象，没有任何的违反绿色低碳社区这一管理制度的行为以及现象，商业店铺设置符合建设管理要求，交通与停车管理规范等。

低碳社区规划建设工作要结合自身的特点，在规划阶段充分考虑到本区域资源，通过生态节能软件及规划软件对低碳社区进行总体方案规划，从功能规划、道路规划、日照分析、风压分析、新能源规划、水资源规划、垃圾处理规划等多方面解决问题。

二、绿色建筑设计

（一）绿色低碳建筑设计及节能技术的应用

绿色建筑设计应采用最新节能技术和材料，达到最佳的节能效果。

1. 建筑围合体应采用具备层次的隔热结构，保温效果好达到节能设计。

2. 节能门窗设计双中空玻璃，即外窗采用双中空玻璃，它的保温隔热性能良好，夏季能阻止室外热量进入室内，降低室内温度；冬季能阻止冷空气进入室内，尽量保暖。

3. 遮阳设计中，为低碳社区建筑物安装百叶遮阳帘，夏季能够遮挡阳光，适当降低室内的温度，减少空调的耗能；或通过在外墙种植绿色攀爬植物，为建筑夏季进行遮阳降温，冬季植物枯萎，不影响阳光进入建筑物。

4. 对于太阳房的屋顶采用"中空＋真空"玻璃，可增加强度和增强保温隔热性能，设计中考虑在冬季和夏季适当调节，冬季为室内采暖，夏季为室内强制自然通风，降温凉爽。

（二）可再生能源的综合应用

可再生能源综合应用是低碳社区设计的重点。可再生能源是最适合低碳社区使用的能源技术，在提供舒适稳定能源的同时，为社会减少大量的碳排放及污染物排放。

1. 太阳能光热系统。太阳能光热系统，可作为建筑热水的提供、居民热水的提供、太阳能公共浴室等。还可作为北方严寒地区的建筑采暖、温室大棚采暖等供热。

2. 热泵系统。地源、水源、空气源热泵系统可以为建筑提供采暖及制冷的需要，和常规能源相比节约能源 70%，非常适合低碳绿色建筑的使用。

3.生物质系统。生物质直燃发电就是将生物质直接作为燃料进行燃烧，用于发电或者热电联产。可解决农村秸秆等的处理问题，还可以产生沼气供农户使用，节能经济。

4.太阳能光伏系统。利用太阳光产生电能，并蓄存，为低碳社区提供独立的用电功能系统，相当于一个区域性电站。光伏发电为一次性投资，节能减排。

5.供水排水及雨水收集利用。独立低碳社区建立水循环利用体系是一种必然，从经济性方面考虑，节水也是一种切实可行的手段。利用管理节水、微灌节水、集雨节灌等节水设备和节水技术，可以充分合理地调配小城镇的农业生活、生产用水。雨水通过屋顶收集到水箱处，经过过滤、消毒就可以直接饮用。生活污水处理后的中水，可用于生活辅助用水，如洗车、园林绿化灌溉等。

6.垃圾分类系统。以往的垃圾堆放填埋方式，占用上万亩土地；并且虫蝇乱飞，污水四溢，臭气熏天，严重地污染了环境。因此，利用垃圾分类方式进行垃圾分类收集可以减少占地、减少环境污染、变废为宝。

三、低碳社区建设

（一）低碳社区建设基本路径

从能源流动和碳排放产生的全过程考察，能源供应是低碳社区能源消费的输入端和发展的动力。从源头上改变输入能源结构，加快碳基能源向氢基能源的转变，是减少低碳社区碳排放的基础。低碳社区系统内部的能源流动、转换包括经济活动和社会生活两个方向。在经济活动中，优化社区布局结构、绿色建筑、中水利用和低碳出行是实现低碳发展的重要途径。在社会生活中，居民的居住方式、出行方式和消费方式对低碳社区的低碳发展也有重要影响。鼓励使用公共交通，提倡消费低碳产品，引导居住公共住宅，推动树立能源节约理念，也是实现低碳城镇的重要举措。

（二）区内产业低碳化

产业结构调整。在产业结构中加大低碳产业比例，逐步减少高碳产业比例，优先发展第三产业，力争在产业升级的同时实现经济增长和碳强度降低的双重目标。

节能技术在产业中的应用。对于低碳社区的基础支撑产业（如电力、热力供应）、经济支撑产业和具有集聚优势的非传统产业，可以通过节能技术的创新和应用减少产业的电力需求，间接实现碳减排目标。这些产业的低碳化改造将成为低碳社区发展的重要路径。

能源结构的调整。加大新能源和可再生能源在电力结构中的比例，从源头上实现碳减排目标。

（三）生活消费低碳化

我国每年有 30% 的碳排放是直接由居民的消费行为产生的。

1. 加强对低碳社区居民的低碳消费观教育。

2. 重新进行低碳发展思想指导下的城镇规划，特别是低碳社区土地利用方式和交通系统的低碳发展。

3. 鼓励绿色建筑发展，加强建筑的节能减排作用。

4. 建立低碳社区碳排放监控体系，通过科学的管理体系手段，实现碳监控体系的并轨。

5. 保护和扩大低碳社区的绿化面积，提升绿化覆盖率，增加城镇自然生态系统的碳汇能力。

（四）合理布局，提供便捷的公共交通系统

公共交通是低碳社区对外交通、旅游交通的重要方式，提供便捷的公共交通换乘不仅有利于促进低碳社区发展，更是降低能耗，促进绿色交通发展的重要方面。

四、可持续性发展的低碳绿色经济

低碳社区在发展的过程中，不仅能够提高居民生活的宜居性、减少大量的碳排放，还能够为低碳社区经济带来持续的增长点。针对各自低碳社区的特点，利用低碳绿色吸引投资及消费、开发低碳绿色社区等方式能够大力推动低碳社区的经济发展。

综上所述，《中国共产党第十九次全国代表大会报告》中提出"加快生态文明体制改革，建设美丽中国""推进绿色发展""着力解决突出环境问题"；《中华人民共和国国民经济和社会发展第十三个五年规划纲要》也提出"生态环境质量总体改善；生产方式和生活方式绿色、低碳水平上升；能源资源开发利用效率大幅提高，能源和水资源消耗、建设用地、碳排放总量得到有效控制，主要污染物排放总量大幅减少；主体功能区布局和生态安全屏障基本形成"。因此，低碳的绿色经济对于人们来说，是一个十分重要的问题。

第六节　从绿色建筑到低碳生态城

随着全球气候的不断变化，人们对于建筑的节能减排功能要求变得更高。城市建设的理念已经逐步地向着绿色低碳的方向发展。本节首先对绿色建筑和低碳生态城的概念进行阐述，同时对绿色建筑的特点及与传统建筑的区别进行分析，从而对低碳生态城的类型进行分析，最后对绿色建筑到低碳生态城建设进行研究。希望通过本节，能够为低碳生态城建设提供一些参考和帮助。

绿色建筑的概念诞生于20世纪的西方，随着近些年来经济的高速发展及人们生活水平的提升，人们如今对绿色建筑的要求已经不再局限于节约能源。因为很多具有节约能源功能的建筑实际上还是为人们的身体带来了一定的危害。现今人们对绿色建筑的要求包括安全、绿色健康、节能环保等多个方面。通过对资源的循环利用，来为人们创造一个健康、安全的生活环境。

一、绿色建筑和低碳生态城的概念阐述

绿色建筑属于近些年来出现的一种新的建筑类型，具体是指在建筑的生命周期当中，能够对自身及周边的资源环境做到尽可能的保护，包括水、土、能源及建筑材料等等。通过对资源环境的保护来为人们创造一个健康舒适安全的生活地点，使得建筑和自然环境能够达到和谐共生。

绿色建筑的出现是社会发展的必然产物，同时也是实现可持续发展理念的重要途径，其能够充分地体现出一座城市的生态文明情况。首先，绿色建筑本身能够起到资源节约的作用。也就是说，在绿色建筑的生命周期当中，能够对周边的能源、水、土地及其他材料形成有效的节约。其次，绿色建筑实际上就是把建筑物与生态系统相互融合，从而形成对资源的合理控制，确保人与自然能够达到平衡。再次，对于自然环境来说，绿色建筑表现得更加友好，对于环境所造成的破坏和污染是非常小的。最后，绿色建筑的核心意义在于为人们提供安全健康的生活环境，更加注重人文关怀，并能够保护人群中的弱势群体。

从绿色建筑到低碳生态城建设过程中，应以科学为基础，把一些能源消耗大，对环境污染较为严重的建筑逐渐地进行转型，使之成为节约环保的建筑类型，从而有效提升城市生态系统的稳定性，进而为人们提供更加安全健康舒适的生活环境。绿色建筑的发

展离不开先进科学技术的应用,通过先进科学技术的应用,使得绿色建筑能够实现消耗低、利用率高及占地面积小的目的。通过对可再生资源的有效利用,来确保建筑与自然生态之间达成和谐共生,从而为人们提供一个更加良好的生活环境。这里所说的低碳生活,是指尽可能地降低煤炭、石油以及有害气体的排放,从而真正地实现可持续发展的理念。所以说,绿色建筑的发展与低碳城市建设的目标实际上是相互一致的。所以应该加速绿色建筑的建设和发展,使得低碳生态城能够为人们提供更加健康安全的生活环境。

二、绿色建筑的特点及与传统建筑的区别

首先,建筑室内的健康环保是绿色建筑的主要特点,如果把传统建筑改造为绿色建筑,阻碍是比较多的,并且在这个过程中还会出现一定的损失。但是如果跳过改造过程,直接进行绿色建筑的建设,不但会有较高的效率,同时也能够更好地体现出绿色建筑所具备的健康环保节能特点。其次,绿色建筑的价值主要通过风、太阳能等可再生资源来得到体现,在绿色建筑的设计过程中,应以先进的科学技术作为重要的支撑条件,使得绿色建筑自身能够得到有效的能量循环,进而实现节能环保的目的。最后,一直以来,建筑节能都是我国建筑发展的具体要求,同时也是建设节约型社会的重要途径。通过建筑节能,有利于能源安全保证体系的建设,也能够有效地推动各项节能技术的应用,从而使得建筑节能事业得到更好的发展。从目前来看,主要进行应用的建筑节能方式包括:对于建筑节能行业标准的执行,对于节能强制性条文的执行等等。

在传统建筑的生命周期当中,会产生大量的温室气体和固体垃圾,同时也会消耗掉一定数量的能源。在传统建筑的施工过程中,一些资源会变为废料。这些因素都会对人们的生活环境造成一定程度的不良影响。而绿色建筑的核心意义在于无论是在施工过程还是人们的居住过程中,都能够做到绿色环保和能源的节约利用。在对绿色建筑进行设计的过程中,应做到因地制宜,并能够对自然资源进行合理的利用,如在绿色建筑当中,采光和通风都可以通过建筑自身的设计来完成,从而减少人们对灯光和空调的使用率,进而实现节能的效果。

三、低碳生态城的类型分析

从目前的情况来看,低碳生态城可以分为三种类型,包括技术创新型城市、宜居型城市、演进式城市这三种。其中技术创新型顾名思义是以技术创新为基础,重视人才的学习和交流,通过精确的分工来提升自身的生产力。宜居型城市主要以绿色建筑及交通为主,具有可持续发展的功能和特点,我国陕西汉中的低碳生态城就是非常典型的宜居

城市。演进式城市通过将文化、自然以及城市经济融合在一起形成网络，从而使其具备演进式的特点。因此说，低碳生态城的建设首先应建立一个目标。

四、从绿色建筑到低碳生态城建设研究

（一）建设思路

首先，需要以可持续发展理念为标准来对低碳生态城进行评估，进而形成相应的指标体系。同时，也要有意识地去激发城市人们对低碳生态城建设的积极性，具体可以通过举办交流会的形式来加强城市中人们之间的联系。其次，应给予利益相关人员创造合作的平台，无论是低碳生态城市的建设还是绿色建筑的发展，利益相关人员之间的交流和合作都是重要的前提条件，包括设计人员、建筑师及开发商等。低碳生态城市建设的顺利进行，应以理念上的统一为基础，从而使得低碳生态城市的建设质量得以保证。在低碳生态城市的建设过程中，应引导城市居民具备相应的环保理念和意识。低碳生态城市的建设是一个长期的过程，需要结合城市的实际情况来找到最为合理的建设方式。最后，我国在进行低碳生态城市建设的过程中，应注意结合我国民族的自身特点，不能完全照搬国外的低碳生态城市建设理念，因为我国所具有的很多先天优势是其他国家所没有的，所以应该把建设具有中国特色的低碳生态城市作为目标，从而确立正确的思路。最后，低碳生态城市的建设离不开优秀的设计和高效率的管理，只有保证这两点才能够确保低碳生态城市具备相应的使用价值及美观度。另外，低碳生态城市的建设应做好试点工作，首先应在具备一定经济能力且拥有可持续发展相关特质的地区来进行试点建设，从而由点到面，逐渐向着其他地区发展。

（二）建设要求

第一，在对城市环境进行改造的过程中，应充分使用可再生能源，并最大化地体现可再生能源的价值，进而把城市基础设施纳入其中，使得碳排放管理不再出现盲区。另外，也要注意这种理念的长期保持，否则通过这个过程所形成的效益就会在未来一段时间内流失掉。

第二，对于城市交通的碳排放进行管理是非常重要的，需要对其进行合理的规划建设，把无碳出行作为城市建设的重要目标，对汽车出行进行合理控制。具体的方法包括：合理设置公共汽车站和地铁站的位置，为人们的出行提供更大的便利条件。同时，对于建筑周边的服务设施进行完善，如医院、超市、体院馆等，从而减少人们出行的次数。

第三，在对建筑进行设计的过程中，应确保在施工过程中，节能标准能够达到百分之六十五以上，且在其中安装相应的监控设施进行监督管理。

第四，要确保建筑材料具有一定的环保性和节能性，尽可能地选择低碳排放的供暖设施和能源系统。

第五，从人们上下班的角度考虑，应对人们的工作空间和居住空间进行有机的整合，从而减少人们上班过程中所造成的空气污染，尽可能地降低人们的汽车依赖性。

第六，低碳生态城市相比于一般城市需要面积更大的绿化空间，需要达到总面积的百分之四十，且其中要有百分之二十为高质量管理的公共空间。

第七，在进行低碳生态城市的建设过程中，城市的水资源管理是非常重要的，尤其是一些水资源稀缺的地区，在进行生态城市建设时，应注重提升水资源的利用效率，提升水质。通过对水循环的了解来避免在城市建设过程中对水源质量及地质结构造成负面影响。具体的方法包括：建立具有可持续性的排水系统，确保城市排除的垃圾能够得到回收，在任何一项城市建设活动开展之前都应建立合理的实施方案。在处理垃圾的过程中应采取科学环保的方式，将垃圾转化为其他形式的能源。

总的来说，从绿色建筑到低碳生态城市建设是一个长期的发展过程，不是一朝一夕可以完成的。在低碳生态城市的建设过程中，一定会遇到种种困难，需要我们通过经验的积累去逐渐地摸索和解决。全球气候的变暖及生态环境的逐渐恶化为人们的生存带来了挑战，这必将推动城市向着低碳生态化发展。绿色建筑理念的出现，顺应了人们的这种需求，通过资源节约和降低污染来提供给人们一个更加安全健康舒适的生存环境，这同时也是为我们的后代提供一个能够真正赖以生存的家园。

第七节　公共机构建筑的绿色低碳装饰核心思路

结合公共机构建筑的建设要求及低碳经济时代的形势变化，注重与之相关的绿色低碳装饰探讨，实施好相应的作业计划，有利于实现对公共机构建筑能耗问题的科学应对，满足其可持续发展的要求。因此，在对公共机构建筑方面进行研究时，应关注其绿色低碳装饰，实施好相应的作业计划，确保这类建筑在实践中的装饰效果良好性。

一、建筑装饰材料对人体的危害

（一）无机材料和再生材料的危害

在完成建筑装饰施工计划的过程中，若采用了无机材料和再生材料，则会产生一定的危害。具体表现为：部分石材中含有镭，最终会变为氡，会通过墙缝进入建筑室内环境，从而引发了空气污染问题，威胁着人体健康；泡沫石棉是一种常用的建筑装饰材料，具有保温、隔热、吸声及隔震等特性，但由于其原材料为石棉纤维，施工中会飘散到空气中，被吸入人体后则会影响人们的健康状况。

（二）合成隔热板

实践中通过对聚苯乙烯泡沫材料、聚氯乙烯泡沫材料等不同材料的配合使用，可为合成隔热板制作及使用提供有效支持，满足建筑装饰施工方面的实际要求。但是，由于这些材料合成中未被聚合的游离单体会在空气中逸散，且在高温条件下会被分解，产生甲醛、甲苯等室内环境空气造成污染，致使人体健康受到了潜在威胁，影响着建筑装饰施工质量。

（三）其他装饰材料的危害

壁纸。由于天然纺织壁纸本质上为一种致敏原，应用中可使人体出现过敏现象，从而加大了建筑装饰问题发生率。同时，由于某些壁纸应用中会释放甲醛及其他有害气体，加上部分有机污染物未被聚合，应用过程中会被分解，致使人体健康方面受到了不同程度的影响，给建筑装饰施工水平提升中带来了制约作用。

人造板材及板家具。某些建筑装饰过程中采用了人造板材、人造板家具，它们涂刷的油漆具有挥发性强的特性，会使建筑室内环境产生有毒的化学物质，且在三氯苯酚的作用下，会对空气产生污染影响，致使建筑装饰水平有所下降。

涂料、黏合剂及吸声材料等。涂料形成中包括溶剂、颜料等，长期使用中会产生苯、甲苯等有害气体，污染室内空气，从而对人体健康产生了不利影响，难以满足建筑装饰质量的可靠性要求。同时，合成的黏合剂使用中包括环氧树脂、聚乙烯醇缩甲醛等，挥发过程中会产生污染物质，会对居住者的呼吸道、皮肤等产生一定的刺激作用，影响着建筑实践中的装饰效果。除此之外，由于纤维、胶合板等材料共同作用下制作而成的吸声材料应用中也会产生有害物质，导致室内装饰效果、应用质量等缺乏保障。

二、公共机构建筑的绿色低碳装饰探讨

在了解装饰材料选用不同所产生危害的基础上，为了满足低碳经济时代的发展要求，实现现代建筑建设事业的长效发展，则需要对绿色低碳装饰加以分析，明确与之相关的要点。具体包括以下方面：

（一）注重节能环保型材料使用

结合公共机构建筑装饰施工要求及其材料功能特性，为了满足绿色低碳装饰要求，则需要给予节能环保型材料使用更多的考虑。在此期间,应做到:第一1从环保效果显著、能耗降低、适用性良好等方面入手,选择好节能环保型装饰材料并进行高效利用,促使公共机构建筑在装饰施工方面的能耗问题可以得到科学处理,实现这类材料利用价值的最大化,从而为公共机构建筑的更好发展打下基础,丰富其在节能环保方面的实践经验。第二,在节能环保型材料的作用下,可避免装饰施工对公共机构建筑室内环境空气质量、人体健康等产生不利影响,有利于实现绿色低碳装饰施工目标,满足使用者在健康方面的实际需求,确保公共机构建筑应用状况良好性。

(二)强化装饰施工中的节能环保意识

施工单位及人员在完成公共机构建筑装饰施工计划的过程中,应根据绿色低碳装饰施工要求及这类建筑的实际情况,不断强化自身的节能环保意识,为公共机构建筑潜在应用价值的提升、能耗问题的高效处理等提供专业保障。具体表现为:①开展好专业培训活动,并将激励与责任机制实施到位,实现对施工人员综合素质的科学培养,提高他们对建筑绿色低碳装饰施工重要性的正确认识,充分发挥自身的职能作用,促使公共机构建筑装饰过程中的节能环保效果更加显著,从而为其科学应用水平的提升打下基础;②当人员方面的节能环保意识逐渐强化后,可使绿色低碳装饰施工作业的开展更具专业性,全面提升公共机构建筑在这方面的专业化施工水平及发展潜力。

(三)其他方面的要点

在对公共机构建筑在绿色低碳装饰施工方面进行探讨时,也需要了解其在这些方面的相关要点:第一,加强信息技术的使用,将丰富的信息资源整合应用于公共机构建筑装饰施工能耗计算过程中,在技术层面上为其绿色低碳装饰施工效果的增强提供有效保障,满足这类环境室内环境状况的不断改善、装饰施工方式的逐渐优化等方面的要求,最终达到公共机构建筑装饰施工中节能环保特性突出、应用质量提高的目的;第二,从管控机制完善、管控方式优化等方面入手,健全建筑绿色装饰施工过程管控体系,处理好其中的细节问题,确保相应的施工计划实施的有效性,进而为公共机构建筑的科学发展注入活力,增强其在实践中的应用效果。

综上所述,通过对绿色低碳装饰方面进行深入思考,有利于实现公共机构建筑装饰过程中的节能降耗目标,拓宽其科学发展思路,避免对这类建筑的应用价值、功能特性等产生不利影响。因此,未来在提升公共机构建筑装饰水平、实现与环境方面协调发展的过程中,应加深对绿色低碳装饰的重视程度,促使公共机构建筑能够处于良好的建设及应用状态。

参考文献

[1] 赵志勇.浅谈建筑电气工程施工中的漏电保护技术 [J].科技视界，2017(26)：74-75.

[2] 麻志铭.建筑电气工程施工中的漏电保护技术分析 [J].工程技术研究，2016(5)：39+59.

[3] 范姗姗.建筑电气工程施工管理及质量控制 [J].住宅与房地产，2016(15)：179.

[4] 王新宇.建筑电气工程施工中的漏电保护技术应用研究 [J].科技风，2017(17)：108.

[5] 李小军.关于建筑电气工程施工中的漏电保护技术探讨 [J].城市建筑，2016(14)：144.

[6] 李宏明.智能化技术在建筑电气工程中的应用研究 [J].绿色环保建材，2017（1）：132.

[7] 谢国明，杨其.浅析建筑电气工程智能化技术的应用现状及优化措施 [J].智能城市，2017（2）：96.

[8] 孙华建.论述建筑电气工程中智能化技术研究 [J].建筑知识，2017，(12).

[9] 王坤.建筑电气工程中智能化技术的运用研究 [J].机电信息，2017，(3).

[10] 沈万龙，王海成.建筑电气消防设计若干问题探讨 [J].科技资讯，2006(17).

[11] 林伟.建筑电气消防设计应该注意的问题探讨 [J].科技信息 (学术研究)，2008(9).

[12] 张晨光，吴春扬.建筑电气火灾原因分析及防范措施探讨 [J].科技创新导报，2009(36).

[13] 薛国峰.建筑中电气线路的火灾及其防范 [J].中国新技术新产品，2009(24).

[14] 陈永赞.浅谈商场电气防火 [J].云南消防，2003(11).

[15] 周韵.生产调度中心的建筑节能与智能化设计分析：以南方某通信生产调度中心大楼为例 [J].通讯世界，2019，26(8)：54-55.

[16] 杨吴寒，葛运，刘楚婕，张启菊. 夏热冬冷地区智能化建筑外遮阳技术探究：以南京市为例 [J]. 绿色科技，2019，22(12)：213-215.

[17] 郑玉婷. 装配式建筑可持续发展评价研究 [D]. 西安：西安建筑科技大学，2018.

[18] 王存震. 建筑智能化系统集成研究设计与实现 [J]. 河南建材，2016(1)：109-110.

[19] 焦树志. 建筑智能化系统集成研究设计与实现 [J]. 工业设计，2016(2)：63-64.

[20] 陈明，应丹红. 智能建筑系统集成的设计与实现 [J]. 智能建筑与城市信息，2014(7)：70-72.